Boss的微笑 上冊

縱橫　　能說的祕密

想翻身、要成功，不能不

大老闆不會教你的36條頂奸絕活！

前言

蒙娜麗莎的一個微笑，成為了千古以來最為難解的謎團。一個微笑，可以說是一個謎語，它涵蓋了所有可能的含意：快樂、憂愁、奸詐、歉疚、痛苦、無言，你無法知道一個微笑背後的意義，尤其是……Boss 的微笑。

當早晨會報的時候，如果你所有的問題都只能換來一個 Boss 的微笑時，你能理解他在說什麼嗎？如果企業大亨在面對記者採訪時，當聽到致富秘訣的提問後，畫面上卻出現了一抹神祕的微笑時，你能了解他在說什麼嗎？當你在翻閱眾多的商業案例時，所有出現在畫面上的人像攝影，他的微笑又代表了什麼？

商業的競爭是殘酷的，而只有最後的勝利者你才看得到他的微笑。微笑，或許代表著他的成功，但成功的背後，又是哪些不為人知的故事呢？本書就是要告訴你這麼樣一個個微笑背後的故事，一段段成功商業的傳奇，一場場從競爭之中脫穎而出的企業大亨致勝之道。

競爭，是人類前進的動力，更是所有行為的本質。古往今來，競爭的外貌不斷地蛻變著，從政治與戰爭，逐漸走向了商場上的機鋒相對；競爭的本質不變，改變的是人、是時間、是手法、是應用，所以我們可以藉由鑑古知今，從以往的例子中找到自我啟發的力量。本書借古代競爭精華的《三十六計》為骨，以現代商場的應用巧門為血，最後再附上近代成功企業的致勝實例為肉。博古、通今，不論是信、實、巧、奸，在激烈的競爭之中都將找到其絕對的立足之地，「成功」將會是最後的詮釋之筆，最後站著微笑的人才會容或我們現今的討論，不是嗎？

藉由深入淺出的探討百大企業邁向成功的關鍵一步後，或許我們都能從中得到啟發，得以重新演繹那些難解的神祕微笑。或許，當我們再度微笑的時候，我們都能笑得如同他們一樣——一抹成功而神祕的微笑。

目錄

追求勝利的絕對把握勝

在敵強我弱的環境之下，如何從中尋求勝利之機呢？

弱，不代表必敗。「知己知彼、百戰百勝」，是讓弱勢者在不平等的實力競賽中奪得勝利先機的不二法門。資訊戰的重點在於摸清對手的實力消長、佈線進退、以及強弱項目；運用收集到的資訊，在作戰前預先掌握優勢條件並排定致勝方案，以己之長攻敵之短，用己方全面的準備一擊攻破對方的罩門。

因此，勝戰的條件並不只是「了解對方」僅此而已，對於己方狀況的透澈分析更是一體兩面的另一必備條件。商場如戰場，企業競爭靠的不是僥倖，而是實力！必須澈底透悉自己所處環境的結構、現況、優勢項目、發展趨向，方能籌謀出具體而適宜地總體規劃，進一步才能妥善運用「欺之、分之、假借、伺機、趁勢、利用」六大巧門，一擊中的地博得最後勝利。

一、騙出一條路：瞞天過海

大騙子的老祖宗

——《永樂大典．薛仁貴征遼事略》——

唐，貞觀十七年（西元 643 年）。

唐太宗李世民在征服西域後，搏得了人盡皆知的「天可汗」之名。不過這時高句麗的淵蓋蘇文卻有些兒不知好歹地在東北搗起了亂，於其國內陰謀奪權後，更開始打算騷擾大唐的盟友——新羅。乖乖不得了，這怎麼可以呢？於是唐太宗親帥三十萬大軍御駕親征高句麗。

這一日，大軍終於來到了海邊，但見白浪濤天一望無際，隔海相望的高句麗就這麼安然的躲在這天險後面，全然無懼於唐軍的兵強馬勝。唐太宗眉頭一皺沉思起了過海之策，底下的將士們也跟著緊張了起來，各個面面相覷不知該如何是好。

就在眾人相望無助時，忽然來了位當地的大財主求見，他這麼說道：「皇上啊，您先別慌，咱們這兒一聽到您要東征，早就想好了渡海之策，也備妥了大批軍糧一助大軍東渡。眼下就請先來舍下預祝東征大捷吧。」太宗一聽，這真是天上掉下來的禮物！龍心大悅之餘，立刻帶著文武百官隨著這財主穿過了一道紗幔圍成的甬道，只見柳暗花明又一村，眼前織錦如茵、彩幔歡天，一桌桌上好的酒菜讓眾人忍不住忘懷的暢飲起來。

就在酒酣耳熱之際，一陣劇烈晃動伴隨著如雷濤聲，美酒佳餚杯傾盤倒。太宗一驚，連忙命近臣揭開帷幕看個究竟，只見茫茫大海中水天一色，三十萬大軍早就已經在東渡的大海上了！原來，這一切都是日後威名遠傳高句麗的薛仁貴所設之妙計，為了讓皇上與眾將士跨越心理障礙，這「瞞天過海」之計使得可說是不著痕跡，令人在不知不覺間放下了心防，等驚醒時卻早就著了道兒。說來也是幸運，好險這計策是名將薛仁貴所設而非敵軍，否則太宗恐怕早成了海上亡魂。

於後，「瞞天過海」之計便被廣泛的運用於軍事、政治、經濟等各個領域之中，當處於不利的環境之下，若想化被動為主動，那麼最好也是最簡單的方法，就是讓對方呈現破綻；而「瞞天過海」就是主動營造機會，讓對方因疏忽而露出可乘之機。

瞞了誰？又為何而瞞？

所謂瞞天過海，簡言之，一字記之曰：「騙」。

關鍵就在於騙，騙得過就是過海神仙，騙不了則反是弄巧成拙。因此，審慎觀察、周詳考慮、隱密行動、乾淨俐落是四大要點。一方面要製造假象，隱蔽自己真實的意圖與經營方針，讓對手在無知覺中麻痺；另一面則要小心的審時度勢，在周詳的準備下看準時機，在對手未發覺前掌握主動權，全力攻佔市場。

而為何要瞞？為何要騙？這點出了兩個面相：首先，瞞者，天也。你所要隱瞞的對象，是天，是對你構成威脅、是勢力遠大於你、是你得罪不得的對象。因為形勢弱於對手而不得不看人臉色，陽奉陰違，表面上要優先站穩了腳步，背地裡則是做好萬全準備以籌謀過海之道；於是，另一個面相便是如此——「瞞天」只是過程，「過海」才是目的，利用欺瞞的手段只是為了替最終目的創造有利的條件；也因此必須清楚了解到兩者的前後順序與主從關係，才能不為自己所設下的騙局迷惑。如果瞞天過海，瞞到了連自己都弄不清楚目的何在，那就與掩耳盜鈴無異，對手的眼睛雪亮的看清了你的一舉一動，自己卻還傻傻的上演著獨角的戲碼，豈不成了甕中之鱉。

瞞天過海採用偽裝手段，製造公開的假象，使對方失去警戒之心，寓暗於明；寓真於假，以虛示實；以實示虛，避開麻煩，渡過難關，從而達到出奇制勝的目的。在商場中，雖然企業經營應以「誠」為本，可是如果誠實得連自己的經商圖謀都被商場同業所知悉，那麼在激烈的爭鬥中遲早必敗。「一陰一陽之謂道」，如果行事只注重著表面的光明磊落而不懂得善用謀略，則商道又如何可成。《孫子兵法》中最有名的一句話「兵不厭詐」，清楚的告訴了身在商戰之場的我們，唯能妥善運用表面的佯裝動作（陽），以隱藏並推動背後的真正意圖與目標（陰），才能揉和太陰太陽以成大氣。

瞭解了瞞天之要，知道了過海之實，那麼還有什麼是我們需要知道的呢？有，那就是「瞞」的功夫可不只是能用在商場上的競爭對手而已！確切的說，商戰之中，最大的對手可不是你的競爭同業而已。綜觀商海案例之中，先翻開一頁頁的報紙，映入眼簾的除了厚厚的一疊廣告頁外，其中更是數不清的業配，這裡要瞞的是誰？答案就是讀者——當年紅極一時的《薔薇之戀》劇中的玫瑰飲可說無處不在，如今紅遍大街小巷的《小資女孩向前衝》裡的 HTC、《我可能不會愛你》中拿來當水喝的台啤，瞞的可是觀眾們雪亮亮的眼睛。這些手法，可說是瞞天過海最精要而寫實的案例！但值得注意的是，這種間接式催眠雖能夠讓人們不知不覺的將廠牌的印象深植心中，可是一旦被人戳破門道，往往會變成令人詬病的業配與置入性行銷，最後甚至可能會招來反效果而得不償失。但即便如此，就算是負面印象，其實也是讓人們在心中留下了一個角落，對廠牌形象來說多是益大於弊。

瞞者為王，傻者掏錢

小蝦米對抗大鯨魚——寶僑（P&G）跌一跤

幫寶適、飛柔、潘婷、吉列、歐樂B、好自在、OLAY、品客、金頂，這些名字你不可能沒有聽過，而他們全部都是屬於那個總部在美國俄亥俄州，名列全球財富500強，也是全球最大日用品公司的寶僑集團所有。

寶僑最初，是由一個蠟燭製造商和一個肥皂製造商所共同成立的公司。從1858年開始賺起了美國南北戰爭的戰爭財；20世紀開始，由於大量贊助電台節目，因而產生了「肥皂劇」這個沿用至今的用語；1946年汰漬（Tide）洗衣粉的發明，更讓它在家用清潔品霸主的地位屹立不搖。但你相信嗎，這麼個縱橫商場的企業大王可也曾被小蝦米給耍了一回！

1960年代初，美國有一家名叫「威爾森·哈瑞爾」的小公司製造了一種名叫「處方409」的噴霧清潔劑。由於追求品質第一、信譽至上的信條，因而生意絡繹不絕，產生了一股熱銷的風潮。寶僑公司一看，心裡頭自然癢的不得了：原來這種噴霧清潔劑這麼好賺啊！

身為家用清潔劑的龍頭產業，當然不能輕易放過這個擺在眼前的商機。於是開始投入大筆資金研製一種名叫「新奇」的噴霧清潔劑。以寶僑公司的實力，產品自然絕不會比小公司出品的差到哪兒去，效果好、包裝新潮，只消再加上大量的廣告行銷絕對能掀起另外一股風潮。

產品準備好了，下一步就是蒐集資訊，寶僑最拿手的便是「市場調查」，透過掌握市場需求以訂下正確的銷售策略。首先鎖定的，就是威爾森．哈瑞爾公司的主力市場所在——丹佛市，寶僑首先派出了測試小組想探知新奇噴霧清潔劑的可能銷售狀況。面對這樣強勁的對手，威爾森．哈瑞爾公司不能力敵，那就只能智取！

一收到消息，哈瑞爾立刻停止了對丹佛市的供貨，處方409清潔劑就這麼在丹佛市的市場上一夜之間消失了，而由於市場上少了原本的處方409，寶僑的新奇自然成了替代性的購買商品，銷路看來似乎是不錯的。

寶僑的測試小組看到了滿意的成果，於是開心的回到公司去回報結果。抓住這短暫的空檔，哈瑞爾馬上拿出了這些時日秘密準備的全新大容量包裝處方409，以往常售價的50% 出售。老顧客們一看到以往用習慣了的清潔劑居然又出現了，而且還賣得如此便宜，在預期心理下每個人都瘋狂的搶購貯存，少說也都買了半年的庫存量。

信心滿滿的寶僑這時候卻還不知道早已著了道。拿著當初測試的數據，滿懷期待的在報紙大幅刊登廣告，電視、電台上更是推出了強力的行銷攻勢。8個月過去了，所有的錢好像都砸到了海裡去一樣，銷路始終打不開。寶僑公司的高層摸了摸鼻子，唉，看來只能先往別的領域發展了。就這樣，小蝦米搏倒了大鯨魚，處方409這次穩穩的保住了自己的市場。

瞞天過海，打的其實就是一場資訊戰，一場以己之全，攻敵之不足的戰鬥。以小欺大，實力雖然不足，但只要設好圈套、抓準時機，即便強若寶僑這樣的大型企業也不免要栽個跟斗。

麥當勞兄弟才不是老闆咧

別跟我說你沒吃過麥當勞！

1940年麥當勞兄弟在美國加利福尼亞州創立了「Dick and Mac McDonald」餐廳。當時正值第二次世界大戰過後，來求職的人儘是些流浪漢與酒鬼，為了在人力不足的狀況下達成最大效益，他們精簡菜單，就只賣獨家特製的漢堡、薯條，以及簡單的冰淇淋與飲料。所有的食品都是可以單一規格、並且事先準備呈現保溫狀態的。這種經營方式出乎意料的得到意外的成功，店門口永遠都是長長的人龍，到了1948年時甚至還開了一家分店。

但這樣的成功模式並沒有不斷的複製並且展店到其他州去。原因就在於身為老闆的麥當勞兄弟行事相當保守，他們寧願穩穩的每年賺進7.5萬美元，也不想甘冒風險去大展拳腳。即便有其他的企業看到了商機而前來要求加盟，他們也只願意在加州的範圍內，有限的釋出一部分授權而已。

這樣溫吞吞的麥當勞，又是如何成為最後遍佈世界一百二十個國家，總共三萬多家餐廳的麥當勞連鎖餐廳呢？

這又要從另一位仁兄——雷・克羅克說起了。五十七歲，來自伊利諾州的克羅克已經老大不小了，他想賺大錢，卻怎麼也遇不到那個機會。他賣過房地產、當過紙杯推銷員，卻總是時好時壞甚至一度瀕臨破產。1937年他遇到了第一次轉運的機會，拿到了新發明的六孔冰淇淋製造機的獨家代理權。

好運就這麼接踵而至了。

1948年，由於生意大好的麥當勞餐廳即將擴展分店，於是向克羅克訂購了八台的冰淇淋製造機。換算起來，這代表他們一次需要同時製作四十八根冰淇淋？！哇！乖乖不得了，在這不景氣的時代，怎麼會有生意這麼好的餐廳呢？克羅克腦子轉得可快了，當下親自拜訪了在加州的麥當勞兄弟。

只見金黃色的大M下人們絡繹不絕，克羅克看到的是「錢」、「錢」、「錢錢錢錢錢」。和餐廳老闆麥當勞兄弟談過之後，他才發現，原來這兩兄弟都是個死腦筋，雖然坐擁礦山卻全然不懂得運用，真是白白浪費了這個天上掉下來的禮物。

於是克羅克便開始和兩兄弟套關係，先是給予了一系列的建議，例如輕便包裝、送飯上門等改革措施，不但讓營業額再度提昇，更讓麥當勞兄弟卸下了心防。最後，老頑固的兩兄弟甚至破例的把伊利諾州的銷售經營代理權交給了克羅克，允許他在伊利諾州自行尋找加盟店家，雙方再從中抽成。

但這對克羅克來說，還只是第一步而已。與其從中抽成，他還想賺的更多，於是他善用了原本對房地產的專業，開展了一個全新的方式：地點+店面+設備，整套出租！他不但要賺餐廳的經營利潤，更要在店租上好好撈一筆。

傻楞楞的麥當勞兄弟，眼看著授權數一下子就達到了二百個，以為克羅克為他們賺進了大把鈔票而高興不已。殊不知克羅克羽翼早已豐滿，意欲一舉買下他們全部的財產。1961年，克羅克提出以270萬美元，要向麥當勞兄弟買下全部的產權。麥當勞兄弟這可是嚇了一大跳，還來不及想太多，就已經被白花花的鈔票閃花了眼，於是就一口答應了克羅克的要求。

只可惜這次只是口頭上的協議，事後麥當勞兄弟就反悔了，開始在部分的授權上扯起了後腿。這下可惹腦了克羅克！他不但撤回了給麥當勞兄弟在營銷上的抽成，更在麥當勞兄弟原本的餐廳旁邊開了一家大M標誌的餐廳。只可憐了這傻頭傻腦的兩兄弟，連自己餐廳的標誌都忘了去註冊，最後就在克羅克強勢的壓力下被迫關了自己的老餐廳。

老闆被自己的雇員炒了！這一特大新聞立刻轟動一時，成了茶餘飯後人們談論的焦點。

就像克羅克說的：「人人都以為麥當勞是賣漢堡的，其實我們是做房地產的」。第一次，他利用和善的外表，弄到了銷售經營權的獨家代理權；第二次，他更利用了餐廳和地產這個隱藏的鏈結，養厚了自己的本錢。到最後，在笨蛋上司還來不及反應之時，早就一舉霸佔了最終的主動權。瞞天過海，最後連天都被踩到了地上。

鋼筆大戰──克羅斯VS派克

派克鋼筆號稱「鋼筆之王」，從1889年申請專利開始，歷經百年而不衰，年銷量達到五千五百萬支，在高檔的市場引領風騷；而克羅斯鋼筆較為年輕，雖然銷量高達六千多萬支，但只能在低價市場大出風頭。數十年來兩家鋼筆公司明爭暗鬥，各出絕活。派克公司派出間諜多次策反克羅斯的技術人員，而克羅斯公司則利用收買和竊聽等手段獲得派克公司的情報。

為了在激烈的競爭中進一步拓展市場，派克公司任命了新的總裁彼德森。而克羅斯公司也為此採取對策，大量搜集彼德森的興趣、愛好以及將實施的行銷策略。

由於景氣的循環，高價位的市場逐漸呈現疲軟，彼德森新官上任三把火，意欲大力拓展市場以振興銷售額。這給了克羅斯公司一個大好的機會，立即針對彼德森的個性秘密訂下了對策，即將和派克公司展開一場殊死對決。

首先，克羅斯公司買通一家權威性的公關諮詢公司，借其之口向彼德森提出了「往低價市場大舉進軍」的建議——這正好和彼德森原本的想法不謀而合！於是這位新總裁像是屁股著了火似的，立刻一頭熱地栽進了別人設下的圈套裡，卻居然忘了優先鞏固自己原有的市場價值。

聽到這個消息，克羅斯公司欣喜若狂，趕緊裝模作樣地召開應急會議，一副非常驚惶地模樣，甚至訂不出一套有效的應變措施；接著，更裝腔作勢的由公司總裁致函給派克公司，聲言兩家產品市場的流向本有協議，照理說應該井水不犯河水，派克這次怎麼可以撈過了界呢；最後克羅斯公司還故意對外做了幾次廣告，製造競爭的緊張氣氛，讓派克公司信以為真的再加大了投資規模，並用大量的廣告來宣告即將進軍低價鋼筆市場。

如此一來，派克鋼筆可以說是完全著了道啦！原本代表高雅體面的派克鋼筆如今廉價出售，根本就是弄臭了自己的名聲；而克羅斯反倒利用了這個機會，大舉進軍空虛的高級鋼筆市場，一舉擊敗了派克鋼筆。原本穩居老大地位的派克公司在這一役之後聲勢日衰，於 1993 年為吉列文具公司所收併。

躁進，是商道中的大忌。彼德森的策略方向並不完全是錯誤的，但他卻料不到克羅斯唱戲的功夫這麼好，早就做足了功夫要上演這麼一齣精采的瞞天過海。只能說一失足成千古恨，商場中爾虞我詐，保密，是保護自己最佳的方式；而瞞天過海，則是最簡單也最易收效的商戰奇謀。無怪乎《孫子兵法》中說：「形人而我無形。」即是用欺騙的手段使對方暴露真實意圖，而自己卻不露形跡。自己無形而對方有形，當然會無往而不勝。

二、偏要踩你的痛腳：圍魏救趙

一刀下去要見血！

——《史記．孫子吳起列傳》——

西元前 354 年，趙國攻打魏國的保護國——衛國，並奪取了漆與富丘兩地；這等於是賞了戰國初期稱雄天下的魏國熱辣辣地一巴掌。於是魏國立刻找來了宋國，與衛國一同來了場三軍會師，直逼趙國首都邯鄲。此舉的目的也是要來個殺雞警猴，一舉滅了趙國以突破齊、趙、燕等國逐漸對魏國所形成的包圍網。

趙國被圍，只好派人去齊國那兒哭訴，想請來齊國的救兵以解邯鄲之圍。齊國雖然不願看到魏國坐大，但卻也不是「別人吃麵自己喊燒」的笨蛋，明知魏國勢大兵強，正面與其三國聯軍相抗衡，多半只會把自己國家也賠了進去。

於是齊國先採坐山觀虎鬥的方針，僅以少量的兵力進兵襄陵，一來向趙國表態相助之意；二來讓魏國有所顧忌，不敢全力攻趙而被迫打長期的消耗戰。就這麼過了一年，等魏、趙兩方都消磨的差不多後，齊威王才命田忌為主帥、孫臏為軍師，舉兵援救邯鄲。

身為主帥的田忌，本來打算就這麼直接兵進邯鄲，以解趙國之燃眉。想不到這時孫臏卻說：「田將軍哪！我們的大軍不該去邯鄲。」

田忌聽後，一時不解：「不去邯鄲，那我們該去哪？」

「大梁。」孫臏自信滿滿地說道。

田忌一聽更奇了：「軍師！邯鄲眼看朝夕不保，我們領了大王的兵可不是要出來郊遊的，這時怎麼可以繞到大梁去兜轉呢？」

孫臏笑道：「是了，將軍！正是因為大王命我們一解邯鄲之圍——要想解開一團亂絮，握拳去打何益？要排解兩人的紛爭，跳進去一起爭吵又有何用？」

孫臏續道：「要救趙國之圍，並非只有往邯鄲直迎魏軍一途。眼下魏國精兵盡在趙國，後防必定空虛，這時從背後捅刀正是良機！如發軍直搗魏國國都大梁，魏軍豈有不班師自救之理。屆時邯鄲的圍困自也就不費半分兵卒而解了。」

田忌一聽，連呼妙計！

不久，魏國統將龐涓突然收到信報，說齊國大軍正浩浩蕩蕩的開往大梁。這可乖乖不得了，怎麼能讓齊國撿了這現成的便宜呢？

於是魏軍日夜疾行，一股腦兒的只想回到大梁，非得狠狠地教訓這無恥偷襲的齊軍一頓不可。未料大軍才來到桂陵，齊軍主力早就擺好了陣仗靜候魏軍！魏軍在一年多的消耗戰與數日的疾行後，早已是精疲力盡，這時齊軍只消一聲喊殺，即便是當時最精良的魏軍兵士也不得不腿軟投降。邯鄲之圍就這麼不兵而解了。

這場齊魏「桂陵之戰」就因「圍魏救趙」之計使用得宜而留名於世。此計之所以成功，首在於時勢審度得當：齊國第一時間並未胡亂跳入戰局，而是旁觀鷸蚌之爭，待實機成熟才化消極為積極，進而一舉功成。

次者，刀子要捅對了地方！

即便經過了一年的耗損使得魏齊兩軍實力已然相近，但如果齊國傻傻的挺著刀子就往對方的盔甲捅去，效果自然事倍功半，徒然損耗了自己刀子的鋒芒；相反地，齊國避過對方主力大軍，反而針對敵方柔弱的心臟要害狠狠地作勢捅去，「攻其必救，殲其救者」，自能收到事半功倍的絕佳效果。

遠路不一定比較遠

「圍魏」、「救趙」兩件乍看不相關的事情，卻有其互為因果的關係。而這層因果關係卻是至為重要的關鍵！

「圍魏」是前提之因，不論是真圍還是假圍，必定是要踩到敵人的痛腳才能引敵自救，進而操弄對方達到「救趙」之果。其中要點有兩個條件：一者「圍魏」一定要比「救趙」來的輕鬆容易，否則不就是拿著石頭砸自己的腳嗎？再者所圍之處，必定要是對方的弱點。這裡所說的弱點，不僅是怯、弱、亂、饑、勞、惰、歸、無備，更要是對方不得不防的要害環節，否則一刀刺落，雖然同是皮薄肉嫩之處，但砍到了屁股和刺進了心臟，孰重孰輕人人心中自是了然。

簡言之「避實擊虛」，攻其之不得不救是為中心邏輯。但如何做到「避實」，而能準確的「擊虛」，秘訣就在於敵情的掌握，如庖丁解牛游刃於骨隙之處，方能刀刀入理而不傷鋒芒。而敵情的掌握是雙面的，一方面我們要探出對方的要害以收一針見血之效；另一方面卻要「設虛」以讓對方錯估情勢，隱匿自己的目標，趨左實右、望上實下，讓對手目不暇給、顧此失彼，直到最後才恍然大悟自己完全弄錯了標的。

而對於小企業來說，要做到「擊虛」與「設虛」，或許會因為資訊之不對等而有所困難，但卻可從「避實」著手。俗話說「雞蛋不能放在同一個籃子裡」，生意人要懂得嘴裡吃著一批，手裡抓著一批，眼裡盯著一批，腦子裡盤算著另一批。一個企業不能把所有的能量都侷限在一個產品內，當自家產品因故而無法與他人競爭時，要懂得「讓威」。找出自家產品的市場定位，做出市場區隔。與其在大企業的老虎嘴邊分塊肉，不如找一個小到足以稱王稱霸的小市場——或許是地理上區域上的小，或許是商品數上的量少而精——雖然無法在大格局上有所成就，但進可攻退可守，至少能保住最小程度的優勢地位。

從「圍魏救趙」、「避實就虛」中，我們更可悟出一個道理，那就是「以迂為直」：永遠要用不同的思考方式來創造出另一條，甚至是千千萬萬條道路。

粗通數學的人都懂，兩點之間最短的距離便是直線；但在現實生活中就絕非這麼單純了。以登山為例，若筆直的往山上攀爬，路險而陡，付出的代價與時間常遠不如盤旋而上來的輕鬆簡便。身在商場之中更必須透悉「轉化」之道，優劣、強弱，往往都是可變的不定向因素，如何做到以退為進才是大智慧之處。就拿曾經一度鬧的沸沸揚揚的大陸三鹿毒奶粉事件來說好了，當時風波所及，連國內大廠金車公司的伯朗咖啡都不能倖免於難；但事發於始，金車公司馬上當機立斷，全面清查下架。雖然付出了高額的成本更讓人一時懼於其產品品質，但長遠來看，卻贏得了良心企業的美名。

相同的情況也可在大大小小的企業中看到類似的作法，不論是買貴退差價，或者是鑑賞期內不滿可退，表面上是單純吸引消費者光顧的口號，但進一步思考就可以發現，真正的目的其實並非如此單純：一者在「之後可以退換」的思考邏輯下，可以很快的養大消費者的「衝動消費」慣性，進而增加消費的密度；再者在退換過程中，更可以建立廠商的口碑形象並深化為品牌忠誠的消費行為。以退為進、以迂為直，吸引消費者目光固然要緊，但在因果之後，進一步催化消費者的行為模式以符合商人預期才是最終目的。

你看不到？那麼金礦就埋在那兒！

Sony——「日本製造」的代言者

蘋果創辦人賈伯斯，帶領著人們邁向另一個世代的開端，他被喻為時代的巨人，他的逝世更讓無數粉絲心碎。但你知道賈伯斯心中的偶像是誰嗎？其實就是另一位世代的偉人，享譽日本的Sony創辦人——盛田昭夫。

盛田昭夫最為人所知的便是「間隙理論」。他認為，遍佈在市場上所有的廠商就如同一個個大大小小的圓圈，即便有的大、有的小，但圓圈與圓圈之間必定會存在著間隙，這些間隙就如同人所不能視的金礦一樣，正是商機所在。而一旦串連了這許多的間隙之後，更可反過來包圍原本的圓圈們，另外形成了一個巨大的市場。換言之，避實擊虛，鑽營這些人們所忽略之處，反而能另闢蹊徑創造自己的價值。

從「間隙理論」發始，1946年創始時勢單力孤的Sony，方能避開三菱、松下等大企業的圍殺，就像土撥鼠一樣默默的挖掘出一條屬於自己的道路。

1955年盛田昭夫從美國的貝爾實驗室手中，不顧眾人嘲笑地買下了美國人視為無用垃圾的電晶體技術。孰料才經過短短一年多的時間，Sony就研發出世界第一台的電晶體收音機，於後更是不斷締造出許多第一：小型電視機、錄音機、錄影機……等，而這時美國人即便懊悔卻已然遲了。

不過Sony雖然在電晶體的技術上有了先佔的優勢，但面對國內市場異常激烈的競爭以及其他大公司的跟進仿造，盛田昭夫再度深思「間隙理論」的精髓：既然無法佔有國內的市場，那麼何妨往國外發展呢？當時可還沒有半家日本企業在國外設立據點，實現生產與銷售一元化的經營模式呢！

於是Sony開始進軍美國，盛田昭夫自己更是全家搬到美國以觀察當地的生活民情，透過這樣近距離的觀察，Sony的產品完美的吻合了「在地化」與「創新」的市場基本需求，使得美國當地年輕人一度誤以為Sony就是美國出品，還為它的獨特與新穎而深深著迷。

在美國成功之後，Sony用相同的模式拓展到世界其他各個據點，由「創新」與「技術革新」的企業文化脈絡出發，Sony發展出了多元的觸角。短短三十年，Sony的銷售網絡不但橫跨世界各國，更包含了各種不同的產品領域，其中的七成獲利都是來自海外市場，是名副其實的「日本製造」代言人。而針對日本國內市場，Sony則利用美國較完善的市場熟成產品後，夾帶高知名度與口碑再回銷日本，締造了「Sony的神話」。

Sony的成功與其企業文化息息相關，也就是曾被日本媒體戲稱為「土撥鼠」的精神：「開創自己的道路，做別人不曾做過的事情」——換言之，就是創新。就如同「圍魏救趙」的故事一樣，如果只看到了「救趙」這條單行道的話，你將會錯失了千千萬萬條通達的道路，於是白費了精力塞在半路上，卻還未必能一觀最終的風光。

站在石油上不沉的巨人——洛克斐勒的經典傳奇

洛克斐勒是人類史上首位億萬富翁，即便到了現在，或許也沒有什麼人能夠超越他所締造的傳說。「如果把我剝得一文不剩再丟在沙漠中央，只要一隊駱駝經過，我就可以重建整個商業王朝。」——約翰．戴維森．洛克斐勒

是怎樣的自信造就了這樣的一位時代偉人，而被稱為「窺見上帝秘密」的他又是如何發跡的呢？

約翰．戴維森．洛克斐勒（1839—1937），出生在一個貧窮的家庭。父親是一個賣假藥的詐欺商人，更是甜言蜜語的愛情騙子。即便洛克斐勒並不喜歡他的父親而與之疏遠，但不得不承認，從小被父親欺騙慣了的他，不知不覺間也被訓練出能洞悉世情的精明眼光。

而與父親完全相反的母親，是虔誠的浸信會教徒，自律、勤奮、節儉等觀念，是從

小伴隨洛克斐勒長大的生活守則；清貧的家境更是讓他小小年紀就接觸到基礎的商際實務與借貸計算，為此他深深理解到每一毛錢皆有其價值。這些點點滴滴都逐漸形塑了他人生的目標：「盡力的賺錢，盡力的存錢，盡力的捐錢」。

短期商業學校畢業後，在他職業生涯中發生的三件事改變了他的一生。

1855 年 9 月 26 日，十六歲的洛克斐勒在 Hewitt & Tuttle 找到他生涯中的第一份工作——月薪不到 17 美元的帳簿記錄員。即便是個微不足道的工作，但洛克斐勒卻樂於從中學習，短短三年內不斷的得到升遷與重用。對他來說 9 月 26 日這一天，遠比他的生日還來的重要，「我經商的所有方法與思維都是在這三年內學到的」洛克斐勒曾這麼說道。

第二件事情，則是至關重要的「成功瞬間」！1859 年，賓州開挖出世界第一口油井，這股黑金熱潮就像一股巨大的漩渦一般，吸引了無數想要一夜致富的人們湧到了美國東北。位在賓州鄰近的克里夫蘭，洛克斐勒與他的商業夥伴克拉克當然也看到了這股商機，兩人原本一同合資開辦的 Clark & Rockefeller 公司，也打算從農產品買賣轉向石油相關的生意開展。

但正當所有人都一股腦兒的撲向「石油開採」這個市場大餅時，洛克斐勒腦子裡轉著的卻是迥然不同的想法：「既然所有人都去開採石油了，那麼原油的供應絕對會遠大於需求。真正賺錢的將會是煉油而非鑽油！」於是他找來了當時在煉油廠工作的化學家──安德魯斯成為技術合夥人，一同致力於發展新的煉油技術。

果不其然，不到三年的時間，原油價格就開始暴跌。由於煉油的速度遠不如開採的速度，不少供應商在競爭激烈的原油市場中不得不開始大量拋售原油，更讓其下游的煉油產業大大的賺了一筆。Clark & Rockefeller公司就是在此次的石油大戰中，旗開得勝的站穩了重要的第一步。

隨著南北戰爭與克里夫蘭新鐵路的開通，Clark & Rockefeller公司確確實實的大賺了一筆，不過也由於南北戰爭和原油供需曲線的大幅度波動，造成了原油價格的不穩定。在這樣的狀況下，洛克斐勒認為應該舉債以擴大生產；克拉克則念念不忘農產品生意的保守穩定。於是這兩個事業上的老夥伴就在此鬧翻了，而這是決定洛克斐勒命運的第三件大事。

其實洛克斐勒早就不滿克拉克很久了。身為一個虔誠的浸信會教徒，他自律、節儉，從根本上就看不慣克拉克火爆的脾氣以及滿口的粗話。對他來說，企業的成功必須植根於紀律以及忠誠，克拉克酗酒成癮行為不檢，根本無法成為一個好的管理者。

於是藉著兩人這次的意見不和，洛克斐勒抓緊時機要來個澈底的改變。一方面他拉攏了技術上的夥伴安德魯斯以確保公司改變後的技術水準；二來他刻意擴大了與克拉克的矛盾，迫使兩人走上了決裂一途。1865 年，洛克斐勒與克拉克正式攤牌，兩人舉辦了一場拍賣會以決定公司的前途，出價最高的人可以拿到公司所有的股權。

就在這一天，洛克斐勒透過大舉借貸，用 72500 美元的天價奪得了公司的所有股權，也如願的將克拉克趕出了公司。「那是決定我人生的一天。」洛克斐勒曾經這麼說；而這不僅僅是決定他人生的一天，更是象徵著現代石油業開始的一天。從這天開始，標準石油公司的建立，締造了「托拉斯」巨型企業體系的形成，更一度握有全美 80% 以上的石油，催生了人類史上第一位億萬富翁。

洛克斐勒的一生，是個傳奇。影響他命運的三個事件都在在顯示出他與眾不同的思考邏輯：與其與老闆爭論待遇，不如趁機努力學習；與其和眾人爭逐市場大餅，倒不如另闢蹊徑，找出真正的商機所在；與其和事業夥伴口角爭鋒，還不如狠下心來重整公司內部。他深信「信任」與「創造」而不是「競爭」，對他來說：成功沒有捷徑，但永遠有另一條道路能通往成功。

百事可樂──百年也不放棄的挑戰者

百事可樂的前身，是於 1890 年美國一位叫做布拉德的藥劑師所創造，他將一種用作治療消化不良的碳酸糖水在藥房內提供給顧客享用，逐漸獲得了大眾的歡迎，於後他將此更名為「Pepsi」，並於 1903 年註冊為商標。不過到了 1923 年，由於布拉德在其他事業上的投資失利，最終卻導致了百事可樂的破產。所幸後來被 Loft 糖果公司收購，才延續了百事可樂的生命。

但可惜的是，經過這番波折，被同樣於 1890 年前後發跡的可口可樂就此佔了先機。百事可樂從此一直站在追趕者的位置，不斷地挑戰著可口可樂的地位。

在一次次的挑戰中，百事可樂不斷地改變自己的策略想要超越可口可樂，而身為老大哥的可口可樂則用一種以不變應萬變的態度坦然面對百事可樂的挑戰。從中，百事可樂發現了可口可樂的致命弱點：「缺乏變化」，不論是商標、配方、甚至包裝，可口可樂數年來都基於「標誌性」而少有變化。

於是百事可樂就此看到了轉變的契機。1929 年，百事可樂趁著世界經濟危機，藉由價格減半的方式大打價格戰，成功的打進了可口可樂霸佔的美國市場，成為黑人最愛的飲品。

1940 年它更是大打廣告，透過五十五種語言的宣傳以及法語明星的加持，一向由可口可樂稱雄的加拿大市場也出現了鬆動，法語區的魁北克省就此成為了百事可樂的領地。

1945 年，百事可樂終於走出了可口可樂的陰影，商標擺脫了和可口可樂相似的紅色文字線條，而改由現在顯眼的藍、白、紅三色作為標誌，「紅」「藍」大戰正式開打。

1950—1960年代，百事可樂重新思考攻擊態勢，捨棄了以往「地域」模式上的市場爭奪，改而直接進攻「消費者」本體，他們意識到不論是在美國、加拿大、還是日本，可樂的消費主體一定都是年輕人。於是百事可樂透過大量的明星代言以及「Pepsi一代，新一代的選擇」這樣的口號，強力主打二戰後求新求變的年輕人市場，透過大量廣告形塑出的「新一代」形象，強力和「老」牌子的可口可樂做出區隔。

到了1972年開始，百事可樂又再次針對商場競爭的最根本環節，「消費者」，再次強力出擊。這次百事可樂直接在街頭上大規模的做起了實驗：找來了「兩樂」各自的支持者，試喝掩去廠商標誌的可樂——結果揭曉，百事可樂居然大獲全勝，即便原本可口可樂的愛好者也訝異的發現自己居然比較喜歡百事可樂！這樣的結果立刻掀起了一股旋風，不但被媒體大加報導，甚至有行為心理學家也拿此大作文章；百事可樂更加沒有放過這個機會，把這一系列的試驗做成了廣告大肆宣揚一番。

這種直擊要點的方式果然奏效了，兩樂的銷售比從1950年代初期的3.4：1逐漸被拉到了1985年的1.15：1，甚至在幾次的波動中更超過了可口可樂。但百事可樂並不因此而滿足。它知道，一定還有其他更多走向成功的道路。

1964年百事可樂推出了無糖的健怡可樂；1965年與世界最大的零食製造商Fritolay 合併；1997 年分割出必勝客與肯德基兩大餐廳；1998 年與第一名的果汁公司純品康納合併；2000 年收購 SoBe 飲料公司，拓展出茶飲和運動飲料等業務；2001 年更跨足健康食品產業，整合了著名的桂格公司。

百事公司透過多年的努力，事業版圖已經拓展到各個領域之中，即便在碳酸飲料市場的「紅」「藍」大戰中始終未能大獲全勝，但在事實上其全部事業的總銷售額與利潤增長早已超越了可口可樂數倍。而在逐漸重視健康與肥胖問題的現代，其他碳酸飲品可說是逐漸走到了死胡同中，即便是可口可樂公司也不得不推出 ZERO 以為因應；但是百事公司在多角經營下，果汁、礦泉水、和巨大的運動飲料市場卻反而為它賺進了大把大把的鈔票。

百事可樂從 1950 年代開始的策略，一腳就踩到了可口可樂的致命痛腳，因而順利的為爾後的百事公司打下堅實的基礎。商場之中的廝殺往往容易讓人迷失在競逐之中，如何重新思考進而打中要點，是每個生意人一定要靜下心來深思的關鍵問題；而百事公司如今的成功也絕不是孤注一擲所能達成的，分散投資以「避實」更是不得不學的成功法則。

三、天外飛來一箭：借刀殺人

殺人莫見血，見血非英雄

——《三祝記》——

明代的《三祝記》，講述的是北宋時期范仲淹的故事。

宋仁宗天聖二年（西元1024年），范仲淹排除萬難的在通州、泰州、楚州、海州建立海堤，人們為了感念他故稱該堤壩為「范公堤」。其名聲也因而遠揚。

天聖六年，范仲淹得到輔弼大臣晏殊的提拔，出任祕閣校理，這位子相當於皇家圖書館員，在當時可是飛黃騰達的捷徑——因為祕閣設立於崇文殿中，不但可以常常見到皇上，更容易「不小心」聽到很多朝廷機密。

不過他的好日子卻過不滿一年。天聖七年，垂簾聽政的劉太后不管仁宗已經是二十歲的成年人了，還是要皇上領著文武百官到他的寢宮前磕頭祝壽。

這消息一進到范仲淹的耳裡，牛脾氣當場就發作了，立刻就寫了奏疏大加批評一番，還要求劉太后立即還政於君。好險奏疏還沒送到皇上的手裡，就先被晏殊給攔了下來。晏殊一看，這還怎麼得了？這事如果被劉太后知道了，不但范仲淹自個兒活該倒楣要遭殃，連他晏殊都可能因為舉薦老范的關係而要烏紗不保。

晏殊當下就找來范仲淹好好開示了一番君臣中庸保身之道，不料范仲淹可不吃這套，開口就說：「正是因為受了您的恩，怕丟您的臉，我才盡心盡力、恪盡職守的做好臣子的工作。如今我只知行正義之舉，沒想到您卻會怕成這樣子啊？」晏殊聽了這話臉面還能往哪兒擱啊，也只能心裡嘟囔幾句，由得他去了。

而范仲淹果然也是固執到了家，隔天不但又寫了封信給晏殊大表心跡；還不怕死的再上一疏，大書太后之非，要其撤簾還政。果不其然，這種直腸子的人在官場中哪待的下去，馬上就被下詔貶離京師。直到三年後才因劉太后過世而重新得到仁宗重用。

可惜這樣不知道變通的人，在官場中大概交不到朋友吧。范仲淹眼看宰相呂夷簡大興朋黨、排斥異己，不禁讓他滿肚子火，於是這次他又槓上了當朝宰相。

為了和呂夷簡嘔氣，范仲淹曾三次被貶出京師，但卻總是如蟑螂般撲之不滅。仁宗景祐五年，原本臣服於宋的西夏元昊叛變，正當仁宗不知該戰還是該和之際，底下的大臣們也都吵成了一片。

就在此時，與呂夷簡一派的夏竦看準時機獻上一計：「要殺范仲淹不難，但只怕引起群臣不滿，眼下正是良機。元昊猖獗勢旺，范仲淹不諳兵符。只要明日您向皇上奏上一摺，讓范仲淹領兵平亂，正是『借刀殺人』，又能顯示您的以德報怨。」

「借刀殺人」一詞，就此著名於世。

《兵經百篇．借字》中說：「艱於力，則借敵之力；難於誅，則借敵之刃。」借他人之手除掉對手，自己卻免於消耗力量，這種間接殺人的計謀，就叫「借刀殺人」。

商場裡不只有你和我

借刀，則刀定要鋒利。否則殺人不成還會殃及自身。就《三祝記》這個真假參半的故事來說，范仲淹最後卻因西夏一役而名揚四海，可說是失敗的經典範例。

而在商場中，「借刀殺人」當然不是什麼刀刀見骨的血腥殺伐。在這兒，重點在於「借」之一字，透過借助外力或環境因素的影響，既能不耗自身，同時又能戰勝競爭對手或借勢搶佔市場大餅。

借，可分為以下幾種借法：

一者，借雞下蛋。技術和人才往往是一個企業成功的關鍵因素，不論挖角、聘請專才、沿用知名企業退休員工、培植菁英，或是斥資援引優良技術，都是壯大自身的一個契機。如果能同伯樂般相中千里馬，或是不惜成本引進技術提昇企業實力，都是讓企業在現有條件下，重新導入活水，另闢生路的一帖良方。

二者，借水養魚。環境就如一灘活水，水能載舟亦能覆舟，此端看使用者要如何借水之勢。在現代社會中，生意人最常借用的活水便是「媒體」與「網路」了。若能透過充滿話題性的噱頭吸引媒體或網路鄉民爭相討論，則無疑是免費又大篇幅的廣告，更能形塑出一股「風潮」的假象。借此活水吸引「消費者」這些肥魚無餌自來，可說是再便宜不過的借力之計。

三者，借財生財。借財生財是最常見的借力之法，商人無財而不立，以錢滾錢是不言而喻的基本。聰明的生意人往往是三分本、七分借、十分賺，但即便如此，如果沒有詳盡計畫而只是冒險的投機生意，那麼自也有人因此而欠了一屁股債，可謂之不可不慎。

四者，借法困敵。做生意，人人都是游走在法網之中，也因此，若能借助法規來打擊對手亦是明智之舉。1970年，本田汽車藉由美國政府修訂的《淨化空氣法案》，一舉以低排碳的小轎車擊敗了豐田汽車，搶佔了日產轎車在美國的市場大餅；2012年初，發生在我們台灣的文林苑都更風暴，雖然是非之論在此我們不便提起，但樂揚建設藉由與台北市政府一鼻孔出氣的「依法行政」也確實幫它達成了公司利益。

五者，借力打力。在商場之中的競爭者絕對不會只是你、我兩方而已，審時度勢、合縱連橫，既沒有永遠的朋友、更不會有永遠的敵人，只要不損己則萬事皆可商量，以利為先。

簡言之，商場的競爭，絕對不是一對一的PK戰。不但要適時的抬眼四望以借外力，同時亦要小心來自四方的可能危機，如此，方能立於不敗之位。

借來的更好用

華人首富——李嘉誠

2012年3月《富比士》雜誌出爐，李嘉誠穩坐華人首富的衛冕寶座，更登上了世界富豪排名的第九位！

香港人戲稱他為「李超人」，其產業範圍涵蓋了香港人大部分的食衣住行，甚至曾有節目以《如何避開李超人？》為題，嘲諷的指出只要住在香港，即便是露宿街頭也逃不出李氏王朝的範疇。

而李嘉誠打得最漂亮的一場仗，莫過於1970—1980年間的九龍倉爭奪戰。1970年代的香港，華資、英資財團明爭暗鬥風起雲湧，其中最有力的四大英資財團分別是怡和、太古、滙豐及和記。而此時剛成立長江實業的李嘉誠正對未來滿懷期望，一眼就看上了怡和財團旗下主力的九龍倉集團。

九龍倉本是香港最大貨運港之名，被擁有九龍倉碼頭的香港九龍碼頭及貨倉有限公司轉借為集團名稱。其業務包含運輸、碼頭、酒店、電訊以及百貨零售等大大小小的生意。但是由於管理者經營不善，雖佔了進出口生意的絕佳地利，地價可謂寸土寸金，但九龍倉集團的股票卻多年來未曾攀升。

李嘉誠從中看到了巨大的商機，於是命人暗中大量收購九龍倉的股票，短短幾個月內股價從 13.4 港元升至 56 港元。這股驚人的勢頭當然立刻就驚動了九龍倉集團上面的怡和財團，於是怡和財團馬上展開了一場反收購大作戰。

晚了一步的怡和財團為了挽回頹勢，不惜向另一大勢力的匯豐銀行借調資金。而這無異於讓一向與匯豐交好的李嘉誠陷入兩難：既然匯豐插手了，再這樣爭奪下去，豈不是反倒讓自己一次跟兩大財團撕破了臉？

不料屋漏偏逢連夜雨，華資財團中號稱「船王」的環球航運公司總裁——包玉剛，為了展開一系列的「登陸計畫」，就這麼無巧不巧的也相中了九龍倉的絕佳發展性，在此時也進入了市場大肆採購九龍倉的股票。

俗話說，危機就是轉機。本來和怡和財團已經打至膠著的李嘉誠，反而在船王搶進市場後看到了轉機。既然三大財團都已經進入了市場，自己再和他們耗將下去必然損失慘重，與其如此，不如……

李嘉誠心思一轉，已經想好了要怎麼做。首先，他悄悄地約來了包玉剛，表示願意讓出手上一千萬股的九龍倉股票；包玉剛也不是呆子，當然知道要來個投桃報李，於是也轉出了手上英資財團和記黃浦的股份給李嘉誠。

而原本和李嘉誠打得水深火熱的怡和呢？怡和財團既然已經和匯豐合作，自然是不容有失，到最後孤注一擲的開出了每股 90 多港元的高價來反收購；可包玉剛卻也不是省油的燈！既然好不容易從李嘉誠的手中拿到了大量的股權，自是更不容放過九龍倉的控制權。最後，包玉剛於 1980 年投下將近 30 億港元的鉅資，以每股 105 港元的天價強行收購了九龍倉集團！

李嘉誠這手玩的漂亮。由於他清楚的掌握了第三者的動向，故能引得兩頭大老虎大打出手，誰被鬥垮了對他都沒壞處。而他自個兒呢？雖然最初的目標沒有達成，可是卻從中得到了豐厚的報酬，更沒因此傷了與匯豐財團的和氣，這兩點可是大大的影響了他日後的命運。1979 年開始，他與匯豐聯手出擊，以 40% 的股權，成功的控制了香港第二大英資財團和記，更為他日後的首富之路鋪下康莊大道。

世界運動的領跑者——adidas

愛迪達（adidas）最早是由阿道夫．愛迪．達斯勒（Adolf Adi Dassler）於 1920 年在德國的黑措根奧拉赫所創辦，專門生產運動類鞋款；1924 年其兄魯道夫．達斯勒（Rudolf Dassler）加入，公司改名為「達斯勒兄弟公司」；1949 年公司正式以「adidas AG」登記註冊，不過由於 adidas 這名字本就是源自於阿道夫．愛迪．達斯勒的縮寫，因此魯道夫．達斯勒為此出走而創辦了 Puma。

如今愛迪達可謂無人不知、無人不曉，但你知道它是如何成功的嗎？

其實它的創辦人阿道夫．愛迪．達斯勒，本身就是個運動愛好者，更是位田徑運動員。因此他不僅重視工藝與發明，傾聽運動員的需求，「功能第一」、「給運動員們最好的」一直是公司的主要精神。

1936 年柏林奧運的這一年，阿道夫正好發明了一種帶著釘子的短跑鞋。他對自己的發明可是充滿了信心，滿心期待他會大賣特賣。但對於他這種剛起步的小公司來說，又有誰會特別注意到他們呢？

於是他的腦子立刻轉了個彎，既然別人不會注意到我們公司，那就讓群眾注意到穿鞋子的那個人吧！

打定主意，他立刻把鞋子送給了當年奪冠呼聲最高的美國短跑名將——傑西．歐文斯。歐文斯一穿，哇！這鞋子也太好跑了吧？魚幫水、水幫魚，當下歐文斯立刻決定要穿著這鞋參加大會。

果不其然，1936 年歐文斯風光的在柏林奧運上連奪四金，黑人出身的他在大談種族優越理論的希特勒手裡搶走了這些金牌，更是讓全世界瘋狂投以注視的目光。而他腳上那雙「助虎添翼」的愛迪達自也是雞犬升天，立刻成為大街小巷最潮的穿著，也是所有短跑運動員的指定鞋款。

愛迪達成為了第一家贊助運動員的運動公司，隨後於1954年的瑞士世界盃足球賽又如法炮製了一次。這次愛迪達推出了一款新型的釘鞋，可以依天氣狀況來更換鞋底的釘子為長釘或短釘，不論是乾爽的地面還是泥濘不堪的土地都可應狀況而變。

當年穿上這雙鞋子的西德隊，藉此在泥濘不堪的球場上大勝冠軍呼聲最高的匈牙利隊。德國人甚至還為此拍了一部「伯恩奇蹟」（Das Wunder von Bern）來記錄這場意外的驚喜。

透過世界級運動會與知名運動員的「免費宣傳」，愛迪達和運動員就如同是相輔相成的彼此迎住了成功。1956年墨爾本奧運，愛迪達再次推出了以「墨爾本」為名的一系列品牌，並大方贈送給眾多運動員。當年穿著愛迪達的運動員們共打破了三十三項記錄、更奪得了七十二面金牌！

一次次勝利的歡呼也為愛迪達贏來了成功。不花分毫、不損敵我半分，只要借對了力，其實成功也可以是一種共生的關係。

專利大戰——蘋果咬你一口

1976 年蘋果公司創立，隨著賈伯斯傳奇所帶來的風風雨雨，到 2012 年間早已數度超越美國石油巨擘艾克森美孚，成為世界中上市公司市值第一的超級公司。旗下的 Mac、Macbook、iPod、iPhone、iPad 等產品更是每每推出便為世界帶來全新的震撼。

2007 年，賈伯斯在 Macworld 的發表會上以「我們將創造歷史」一言推出了智慧型手機「iPhone」。

iPhone 的出現，為手機市場帶來了巨大的震撼！兼具了直覺式超大觸控螢幕、iPod、以及無線網路功能的智慧型手機誕生了！他擺脫了以往「手機」+「輔助功能」的智慧型手機，將所有功能重新整合，以名為手機的「超小型電腦」樣貌重新出現在世人的面前。

這種革命性的推展，嚇壞了 RIM、Motorola、Nokia 等手機大廠，他們本以為智慧型手機只是場感冒的發燒，隨時都有可能消退呢！

但這股熱潮實際上卻是像雪球一般越滾越大，智慧型手機如雨後春筍般不斷的冒出頭來，Sony、Samsung、HTC、Asus……各家廠商紛紛搶搭這股風潮。連 Google 執行董事長施密特也嗅到了這無可抗拒的豐沛能量，故而一面婉拒了賈伯斯邀請加入董事會的熱誠；另一方面卻秘密著手於 Android 系統的開發。

就這樣，Google 踩線了！Android 系統的小綠人閃耀在大大小小眾多非蘋果 iOS 系統的智慧型手機上，大剌剌的就要狠狠地咬上蘋果一口。

搭載 Android 系統的眾家手機中，尤以遍地開花、大量製作各種型號手機的 HTC 表現最為搶眼，到 2010 年第四季為止，在美國已經有 15.9% 的市佔率，隱然有追上蘋果的 18.7% 之勢。

眼看 Android 系統手機來勢洶洶，蘋果當然也有自保之道。要蘋果以一打十，一人在商場上獨對龐大的 Android 大軍眼看是困難重重，更何況後面還有一個 Windows 虎視眈眈的盯著。正面交鋒是不可能了，那到底要如何殺出重圍呢？

2010 年 3 月，蘋果以二十多項專利向 ITC 法院申訴，對 Google 的大弟子 HTC 開了第一槍，專利大戰正式開打！

一時之間群眾譁然，人人都在議論蘋果此舉到底有何目的。

於後，蘋果陸陸續續的對 HTC 以及其他 Android 系統的手機製造商提出新的專利控告，官司的纏訟甚至早已預定到了 2013 年。而此舉的目的其實主要是向 Google 示威——柿子挑軟的吃，一向不注重專利攻防與產權申請的台灣產業，宏達電 HTC 正是蘋果反咬一口的絕佳切入點——官司本身雖然並無立即的約束力可以阻止對方產品的上市；而且就算告贏了也不一定能在金額上獲得滿意的補償。但若論其騷擾的效果，可算是綽綽有餘了。

經過這一連串的控告官司，不論是 HTC 這些手機製造廠商，還是上頭的老大哥 Google，都不得不減緩了手邊新機種的開發以及對 4G 領域的研究，轉而把精神與資金都投向了專利的買賣。以 Google 為例，為了保有下游手機廠商的忠誠，特地以 125 億美元買下了 Motorola 好增加在這場大戰中的專利籌碼；不僅如此，這番動作也引來外界大量的關注，人人都在等著看好戲，而這更成了蘋果的免費宣傳。於是 2010 年 6 月，蘋果順勢推出了 iPhone 4，在媒體瘋狂的鎂光燈下，蘋果又再一次締造了新的傳奇。

市場上的競爭從來就不會是簡單的一對一單挑遊戲，尤其當你生意做的越大時，你的對手就必定會越多——但別忘了，你所能調動的環境資源往往才是你最強健的靠山。蘋果這巧妙的反咬一口，表面上看來在官司勝敗上並沒得到多大的利益，但事實上，卻是借法困敵、借水養魚，一個鷂子翻身重新再站穩了領先的地位。

四、當黃雀吃了螳螂：以逸待勞

先起跑的比較累！

——《史記．孫子吳起列傳》——

《孫子兵法．軍爭篇》：「善用兵者，避其銳氣，擊其惰歸，此治氣者也。以治待亂，以靜待嘩，此治心者也。以近待遠，以逸待勞，以飽待饑，此治力者也。」

前面有提到，孫臏助齊國在桂陵之戰中大勝魏軍，就此留下「圍魏救趙」的傳世佳話。此戰過後雖然魏軍元氣大傷，但畢竟是戰國初期的霸主，很快的就於西元前352年大敗齊軍，替自己出了一口惡氣。

西元前344年，魏惠王招集秦、韓、宋、衛、魯等十二國諸侯同盟，於逢澤朝見周天子。一向乖乖聽話的韓國，這次可犯了傻，由於憂心再與魏國親近下去，終有一天自己也會被吃掉，於是拒絕了出席此次大會。

一場風光大會，卻被韓國這麼一攪和，魏惠王頓時覺得臉上無光。於是立刻派出百萬雄獅要好好重新調教一下這不聽話的東西。號稱天下精兵的魏軍一出馬，就如摧枯拉朽般連下南梁、赫地；而韓國連吞敗仗，只得向魏國的死對頭——齊國求助。

說到齊國嗎，大家都知道他的伎倆是如何了！這次他仍是故技重施，使出「圍魏救韓」：先是假意答應相助韓國，實際上卻是在等韓魏兩軍自耗實力，等到韓國真的撐不住了，才又派田忌與孫臏領軍直搗魏國首都大梁。

俗話說，可一而不可再。魏軍統領龐涓一聽到消息，當場沒氣到吐血，當下全軍撤回大梁回防；同時另由太子申帶隊與龐涓大軍會合，以防齊軍再次用小人步數偷襲。

未料當大軍回到魏國時，齊軍早就已經撤退了。一向心高氣傲的魏軍哪能容忍齊國再三的挑釁，當下重整十萬兵馬立刻往東追去。這次，魏軍好歹也是回國歇了口氣，相較於急急撤退的齊軍來說可是反佔了上風。

追擊的第一天，魏軍路過齊軍前日駐紮據點，龐涓派人去清點了一下餘留的灶火坑，換算下來約是十萬人的大軍；第二天，龐涓命人再算，居然只剩下五萬人的量！看來齊軍軍心動搖，士兵都拋甲棄械的溜之大吉啦；第三天，齊軍人數看來已餘不到三萬。龐涓當下心花怒放，眼裡都幾乎可以看到那該死的孫臏在自己面前下跪求饒的樣子！

當下，龐涓立刻點了三萬輕騎兵，留下大軍獨個兒就往齊國地界衝去。

進入齊國後夜色已深，魏軍點上火把進入了幽暗的馬陵古道。才入不久，卻發現前方的道路已被堵住，所有的樹都被砍下組成了路障，唯留一株蒼白的大樹還檔在路中央。龐涓一開始還不以為意，以為是齊軍藉此要阻礙魏軍追擊。孰料正策馬打算繞過時，卻赫然發現樹上大大的寫著「龐涓死於此樹之下」！

這一驚，非同小可！還不待魏國之人搞清狀況，山道兩旁一聲「殺！」，箭如黑雨倏然兜頭降下，還沒見到敵人，三萬魏軍已然死傷過半。龐涓一聲輕嘆，自刎於樹下。

這場馬陵之戰，就此奠定了齊國霸主的地位。

而孫臏這招「以逸待勞」，誘敵深入而轉被動為主動，更是值得後世學習。主導戰局者，必要先能候於戰場，伺機而動；先攻者必先力竭，後攻者則易於掌握情勢，一擊而必中。

不動如山，動如脫兔

商場之中，資訊錯綜複雜，往往一失足成千古之恨。要成功，必須要先懂得自保之道。「以逸待勞」就是一種以守為攻，以靜制動的藝術。當面臨資訊混淆、真假難辨而無法做出正確抉擇時，不如緩下步伐，以拖待變，待局勢明朗之後，再以萬全的準備搶進市場。

換句話說，「逸」與「待」是為重點。「逸」不是安逸，更不是好吃等死、坐吃山空；「待」也不是空徒發呆、消極防禦。以逸待勞是一種積極的防禦態勢，在避其鋒芒、靜觀其變的同時，更是要以萬全的準備等待一擊之機；以少謀多、以不變應萬變、以關鍵之擊取代那些無所謂的嘗試。

是故，我們可以從兩個面相來看。

一者，要「不動如山」。當敵強我弱、或兩軍相當之時，一個打十個固然看起來威猛帥勁，但生意人還是以十打一才能穩操勝算。因此，當市場上眾人你爭我奪地一頭熱時，切忌就這麼跳將進去與他人拚輸贏。這時更要冷下心來判斷情勢，或是從市場的空白點切入進而大撈一筆、或是保留實力待眾人氣空力盡後再來個漁翁得利。就如洛克斐勒所說：「打先鋒的人或企業賺不到錢」；又或是如日本松下電器所奉行的「不搶先戰略」——不動如山，只有耐得住誘惑的人，才能得到最終勝利的果實。

再者，是要「動如脫兔」！不動如山，是為等待良機而先儲備自我實力；更甚者，要能夠做到誘敵深入、耗磨對方實力，以成就自己一擊之勝。當實機到來之時，必將儲備的能量一次引爆，按照計畫，一舉到位，切記拖拖拉拉反而錯過了稍縱即逝的錢潮。

就拿曾經在台灣風靡一時「葡氏蛋塔」旋風來說吧，當時的熱潮幾乎是只要門口掛個「葡氏蛋塔」的招牌，就必定是大排長龍的保證。只可惜好景不常，商場之中最忌仿冒。當落後一步的商人們還傻楞楞地跟風開店之時，供過於求的蛋塔市場早已吹起寒風。到最後店家紛紛倒閉，而人們的記憶裡根本連一家蛋塔店的店名都想不起來了。

相較於此，當甜甜圈開始流行起來時，Mister Donut和Dunkin' Donuts分別被引進台灣，但這些大廠商可不是一味的跟隨流行、盲目跟進，相反地，它們是要創造趨勢。因此它們透過品牌包裝、主題營造、品質控管、新品開發、以及展店分佈，成功的營造出品牌形象。它們賣的是感覺、是氣氛、是幸福，已經不再是一個單純吃過即忘的商品了。「動如脫兔」，這正是一種全力以赴、一擊到位的精神。

瞭解了「以逸待勞」的兩個面相後，更進一步的，我們可以將「逸」與「勞」從敵我關係中，放置到企業內部來看。「勞」與「逸」正好可以對應到經營時的動、靜、盈、虧。做生意的時候總免不了有盈有虧，而季節性強的產品更容易有淡、旺季之別，這些都是無法避免的。除了在經營規劃上，要盡量減少這種時間的出現外，更重要的是要有居安思危，以盈養虧、以虧促盈的周慮思考。當賺錢的時候不要只顧著一頭熱，要想到未來虧錢的可能以及因應之策；虧錢的時候也不要驚惶失措，與其慌亂的轉換跑道，不如醞釀實力等待時機的到來。「以逸待勞」正是動靜之間的成功之學。

動靜之間的藝術

西武王國的天皇——堤義明

說到世界首富，現在的人們往往第一個想到的通常是比爾．蓋茲。但在他竄起之前，前任的世界首富卻是個「富翁中的富翁，領袖中的領袖」的商場強人，一個握有日本六分之一的土地，一個頓足就足以令日本舉國震動的現代唐太宗——西武集團第二任的領導者，堤義明。

1935年出生的堤義明，是庶出的第三個兒子。父親堤康次郎創建了「西武集團」，是政商通吃的紅頂商人。不過也因為如此，上面的兩個哥哥都看不慣父親的商場作為，大哥堤清和家裡斷絕關係、二哥堤清二則是叛逆不羈不受拘束。就著這層原因，堤康次郎把所有的心力都放在培育堤義明的身上，而堤義明也不負老爸的期望，不但澈底崇拜父親，還把老爸的一言一行都當做經典教條謹記在心。

1965年堤康次郎逝世，臨死前他破例讓庶出的三子堤義明繼承家族大位，同時留下兩封遺書給他，讓他謹從父親的遺命行事。

第一封信，只有兩句話：「忍忍忍，忍十年；守守守，守十年。」並交代他於十年後再拆開第二封遺書。

不到三十歲的堤義明，看到此信，不得不深深地認同。當時西武集團內部可以說是暗潮洶湧，早他七年進入公司的二哥堤清二掌握了西武百貨和西武化工，完全不願聽從他的指揮；而公司內更有不少人無法認同這個毛頭小子接掌大位。於是，堤義明花了十年的時間穩扎穩打重新開始，藉由全盤的了解公司情況、摸清各部門間的竅門所在、最後再強化並重整公司的體制以求完全掌控公司。

1970 年前後，正是日本房地產業地皮炒的最熱的時候，不少公司都忍不住入市搶地。但堤義明卻謹從父親的指示以靜制動並未跟進，當全體幹部都以為他瘋了的時候，他卻說：「如果全體一致同意，事情就不妙了。全體一致的主張，時常有毛病。」於是毅然退出了房地產業。

而他的二哥堤清二卻不以為意，好不容易擺脫父親束縛的他反而極欲大開大闔的闖出一番事業。因此，堤義明藉此機會和二哥劃清界線，1971 年，堤義明將西武百貨與西武化工切割出來交付給堤清二，就此西武集團與西武流通集團完全分家，堤義明終於百分之百的握有了西武集團的主導權。

1975 年，堤義明這時拆閱了父親的第二封遺書，裡面寫著：「大量購買土地，進軍休閒產業。」

經過十年的沈潛，堤義明從過往經營王子飯店的經驗歸納出休閒產業的三個成功要件：價格優勢、建築特色、地理優勢。除此之外，他更知道單一的休閒產業是無法成功的，必須要有整套的計畫與複合式的產業結構才能長期吸引民眾的目光。

於是，他出手了。一出手就成為震驚全日本的傳奇！他趁著 1980 年代前後，日本泡沫經濟破裂，當人們逃難似的拋售手邊土地時，卻正好是他殺入市場的大好時機。溜冰場、游泳池、網球場、保齡球館、西武遊樂園、國際文教村、高爾夫球會館、棒球場和人工滑雪中心，一項項娛樂設施伴隨著一棟棟王子大飯店的興建，迎來了無數的人潮與錢潮；所澤市、苗場、北海道、富良野、輕井澤，隨著財力的擴大，西武集團甚至連國土重建計畫都接了下來，被稱為「日本財經界的英雄」，為經濟破滅的日本未來注入了一股全新的生命。

堤義明這種以逸待勞、以靜制動的精神，不但貫徹在他自己成功的傳說上，他為後人景仰的管理理論也充滿著這樣的思想。他認為，一個員工的價值並不是看他聰明與否，「看人看三年」，唯有能夠待在崗位上持久努力的馬拉松式員工才能為公司所用。

雖然堤義明本身在人格上有所缺陷，是個孤傲的王者，最後甚至因為違反證券交易法和非法進行內部股票交易等罪而淪落獄中。但他在商業上的成功仍然是不可不承認的當代傳奇，確實是個值得我們借鏡的經典案例。

你來種樹我乘涼——Toyota 掌中的黃金花

豐田汽車（Toyota）是世界十大汽車工業，也是日本最大的汽車公司。旗下的 Corolla（即英文的「花冠」）更有全球最受歡迎的美稱。2011 年的《富比士》排行榜中，Corolla 榮獲十大暢銷車種之冠；自 1966 年上市以來，到 2012 年初已經賣出了三千七百五十萬台，平均每四十秒就賣出一台，可以說是豐田汽車手中最珍貴的黃金之花。

不過故事的起點，還是要回到 1966 年說起。

日產汽車（NISSAN）和豐田汽車一直是日本汽車業的兩大龍頭，一二名之爭實是常常上演的劇碼。1960 年日本政府通過了《國民收入倍增計畫》，隨著國民生活水準的提升，國內市場對家庭房車的需求日益膨脹。而日產汽車本著「先發制人」的戰略思維，搶先研發了 Sunny 汽車，不但投入了大量的資金，更是不遺餘力的進行大量的廣告宣傳。

日產汽車的眼光不可謂不精準，鋪天蓋地的廣告文宣引得全國民眾的心都跟著癢了起來。看著廣告，每個人無不夢想著自己有朝一日也能開著汽車在路上兜風，擁有汽車再也不是一件難事了！

這樣的想法，隨著 Sunny 上市日期的逐漸逼近越發膨脹了起來。果然，Sunny 一上市立刻供不應求，日產汽車荷包賺的都快闔不起來了！

可就在這個時候，原本默不作聲的豐田汽車卻突如其來的推出了Corolla，這突來之舉一時令日產汽車感到異常錯愕。

Corrola上市之前並未打任何的廣告，但這段沈默的時間其實卻澈底的研究了Sunny的弱點。首先，他刻意採用排氣量為1.1L的單頂置凸輪軸直列四缸發動機，排氣量硬是比Sunny多出了100cc；再者，他融入了豐田汽車的技術精華，將高級轎車的技術也轉移到了家庭房車上，這在當時可說是首開世界之先例。

Corrola一上市，除了主打「市場最需要的汽車，把豐田技術的全部精華展現給世界」，更大肆宣傳「只需在Sunny的41萬日元售價上再加22000日元，即可坐上排量高出100cc的汽車」。一時之間，日本民眾對家庭房車的高度需求，找到了另一個出口；即便售價稍高，但在技術較優以及心裡高度期待的驅使下，Corrola踩著Sunny的頭創下了銷售佳績。

Corrola從此一代接著一代的熱賣，每一代都因應著銷售當地的需求以及「物超所值、省油、可靠、容易維修」的特點，而成為至今全球最受歡迎的汽車。當初他的成功，正得益於「以逸待勞」之功。當日產汽車如火如荼的大打廣告之時，豐田汽車省下了和它對打的功夫，一來樂得看他撩撥起日本民眾對家庭房車的需求；二來更用這段時間另闢蹊徑找出自己的優勢。如此，才能在Sunny汽車供不應求的關鍵時刻藉機殺人，確實地擊破弱點而奪下市場豐美的大餅。

日本經營之神——松下幸之助

松下幸之助被人稱為日本的「經營之神」，終身雇用制、年功序列工資制等日本企業沿用至今的管理制度，也皆是他所首創。

縱橫日本商場六十餘年的他，即便被稱為經營之神也必定有盈有虧，而讓他與企業能夠一路走來的便是他那沈靜而近似信仰的經營哲學。

他相信「傾聽」的哲學：對於客戶，他傾聽其需求進而創造價值；對於合作廠商，他傾聽要求進而營造共利空間；對於社會，他傾聽全方面的聲音，以貢獻社會為企業發展之考慮前提。他曾不諱言的說：「賺錢是企業的使命，商人的目的就是盈利」，他認為身為社會一份子的個人以及企業，必須要透過盈利才能造福社會。

就是這樣沈靜溫和的經營信仰，讓他所帶領的企業擁有了「靜」的特質，他們所追求的目標固然是盈利，但卻不汲汲營營於短程的利益爭奪，而是以更長遠的眼光來看待企業的盈虧，實現了以盈養虧、以虧促盈的經營手法。

1952年，松下電器與荷蘭的飛利浦公司就技術合作的問題進行商務談判。在一連串嚴苛的談判中，雖然飛利浦公司表示願意在銷售額的抽成上讓步，但相對的卻必須一次付清2億日圓的技術轉讓費。這對當時的松下電器來說，相當於公司總資本額的三分之一！

一旦支付了，這將對公司的現金流造成很大的虧損，必將變成一個沈重的負擔。但松下信之助考慮到飛利浦公司有自行設立的研究所可研發最新技術，其規模相當於10億日元以及十多年的研發時間，如今僅以2億日圓的代價作為交換，長遠來看不虧反賺。

以虧促盈、以盈養虧，抱持著長期利益的觀點，松下輕鬆的得到了時下最先進的技術，也避免了與其他企業在技術開發上的競爭，以逸待勞的獲得了通往世界版圖的直達機票。

1961年，當時日本開始了貿易自由化的進程，美國汽車產業即將壓境，日本國產車面臨了龐大的壓力。而當時剛與松下電器合作汽車收音機的豐田汽車，也不得不向松下提出了降價的要求。

依照豐田汽車的要求，半年內總共約需降價20%，這對當時利潤只有5%的松下來說無疑是一個天大的難題，於是一場會議中人人議論紛紛，似乎除了放棄這筆訂單外，就沒有解決的辦法了。但這時松下幸之助卻這麼說道：「站在國家與消費者的立場，如果我們必須要降價20%才能打進全球市場，那麼提供這樣便宜的產品本就該是我們該盡的社會責任。因此，眼下只有兩條路走：要嗎，就是接受虧損；再不然，就是重新檢視產品，找出價格偏高的問題並將它徹底解決！」

於是，松下電器痛定思痛，從虧損中重新改善了製作的環節。一年後，當松下的產品再重新推出時，已然成為能夠迎合世界市場需求，進而創造10%純利的金雞母。

松下幸之助從這些經驗中，創造出了「水壩式經營法」。企業經營就如同水壩一樣要隨時注意調節水源和提供動力，其核心就在於「蓄」與「貯」。松下認為，企業需要這種調節和啟動的機制，如此才能遇險不驚，由虧損中求振作，見機而發。他說：「我深信，只要能遵守這種方法，隨時作好準備，能寬裕地運用各項資源，企業不論遇到什麼困難，都能長期而穩定地成長。」唯有從穩中求成長，不要害怕虧損，以逸待勞的務求長期經營，才能讓企業免於曇花一現的悲哀。

五、混水好摸魚，亂世出英雄：趁火打劫

識貨的黑風怪

——《西遊記．第十六回》——

話說三藏師徒得觀音之助馴服了白馬，再度踏上了前往西天取經的道路。一日，天色漸晚，但見眼前青松夾道晚霞疊麗，突然聽得暮鼓低盪，一座浮屠峻塔從山林一角露了出來。

三藏先行上前，表明了其大唐行者身分，路過此地欲求宿一晚，迎在山門的和尚聽到三藏身分後連聲答禮，才說：「請上師入內奉茶」，卻突然見到悟空牽馬上前而大吃一驚，忙低頭詢問三藏：「那牽馬的是個什麼東西啊？」

三藏一聽，急忙噓了聲：「小聲點啊！這是我的徒弟，性子是急了點，聽到你這麼說他可是會生氣的。」那和尚聽了更怕，忍不住嘀咕道：「怎麼找了個這麼古裡古怪的醜東西當徒弟啊？」三藏笑了笑說：「醜是醜了點，不過也煞是好用。」

聽到大唐高僧到來，院主命人邀請奉茶。

老方丈滿臉皺紋、彎腰駝背、齒落眼昏。但見他頭頂僧帽，當中鑲了個貓眼巨石；身著錦絨，翡翠金絲繚繞；手握檀香寶杖，鑲滿奇珍異石。

與三藏寒暄了幾句，老方丈便命人奉茶。卻見羊脂玉盤、白銅金壺、瓷杯鑲金，無一不見其奢華高貴，茶香更勝桂花。三藏一見忍不住誇道：「這些個真是好東西啊！」老方丈謙道：「污眼污眼，荒野之地野人獻曝，哪比得上您從東土唐朝帶來的寶物呢。」三藏搖了搖手說道：「即便在東土我也粗食淡飲，何況西行之路千里迢迢，哪帶得了什麼寶物呢。」

悟空可是孩子性兒，一聽可耐不住了，急忙插嘴道：「師父，您包袱裡那件袈裟可是寶貝啊，怎不拿出來和他比比」——原來從大唐出發之時，菩薩曾代佛祖送上三件寶貝：錦襴袈裟、九環錫杖，以及那三個最著名的金箍環兒。其中這錦襴袈裟疊放時千層包裹透虹霓，穿戴起驚動諸天神鬼怕；坐處有萬神朝禮，動處有七佛隨身。

三藏不願炫富，忙說：「也沒什麼好看的。」但禪院僧眾賣弄慣了，一聽孫行者之言也不服氣，特地把老方丈收藏的八百多件袈裟一字排開，登時珠光寶氣、四壁綾羅。老孫一看更不服了，不顧三藏反對，硬是轉身從包袱中拿出了錦襴袈裟，只見霞光滿天、彩氣氤然，佛音蕩然繚繞於眾僧心中。

老方丈這下可是開了眼、蒙了心，千萬凡品哪及的上佛製真品呢？當下便向三藏淚眼跪求了起來：「弟子真是無緣啊！上師您這件寶貝耀眼生輝當是稀世珍品。可偏偏老頭子不中用了，天色昏暗間看不明白，可否請您借上一宿讓我細細觀賞？」

三藏一聽，急了，回頭向老孫怨道：「都是你！都是你！珍奇好玩之人一見動心，這佛賜的寶貝弄丟了可是大事啊。」孫行者搔了搔頭說道：「反正在我眼下他也拿不去啊。」於是兩人只好答應暫借老方丈一晚。

是夜，眾僧正要睡去，卻聽到老方丈秉燭哭泣，徒子徒孫一時慌了，齊聚老僧禪房一探究竟。卻聽老方丈哭道：「枉我活了二百七十有餘，八百件袈裟卻不如這唐僧一件。我好想穿啊！」大徒孫聽了便說：「方丈您便穿得，您要穿一天，我們就留那唐僧一天；您要穿一個月，我們就留唐僧一個月。這不也就得了嗎？」

老方丈搖了搖頭說：「但畢竟終有還他的一天。」這時另一個徒孫說道：「不如殺了吧，兩人千里之行，一日命喪也未有人能知。」老方丈眼睛一亮，當下命人乾脆一把火燒了禪院，也好裝做無辜之災。

可這哪瞞得了老孫呢，老孫本想跳將出去一棒打死了這些混蛋和尚，但想來又怕師父的緊箍咒，一動念，想了個將計就計的法子。

孫猴子一個觔斗翻上了南天門，伸手便向廣目天王借辟火罩。廣目天王聽了原由，不禁納悶：「既然遇火，那該是向龍王借水，跟我借辟火罩是想要幹嘛？」孫猴子吱吱怪笑道：「唐僧是燒不得的，不過我卻要他們自個兒燒了房產。」廣目一聽，也只好笑著借了他去。

眼見漫天大火，老孫看的好不開心，隨口一吹更是讓火勢一發不可收拾，滿寺僧眾沒料到火來的如此兇惡，一頭混亂地收拾起家當；而三藏師徒二人也安然躲在辟火罩中等著火勢過去。

不料此時僧院南邊的黑風洞卻來了隻妖怪。這妖怪素來與老方丈交好，眼看火燒的正旺，本是要進方丈禪房救人，卻突然看到錦襴袈裟發出的萬道霞光。當下人也不救了，東西拿了就遁回黑風洞去。是謂「正是財動人心，他也不救火，他也不叫水，拿著那袈裟趁火打劫。」

趁火打劫，由此而來。《孫子兵法》中說：「亂而取之。」唐代杜牧解釋此句說：「敵有昏亂，可以乘而取之。」不過火中取利要講究時機和方法，否則就如火中取栗，燙了自己的手，傷了自己的身。

哪兒來的火？

「火」可分為三種：內憂、外患、以及內外交困。

起火之因也可分為兩種：一為「趁」火打劫，趁敵之虛，混水摸魚從中取利；一為「縱」火打劫，自己縱火，再做賊的喊抓賊，最終仍為實現自我的利益。

不論是哪一種，其根本都不離「趁人之危」，把自己的利益建築在別人的痛苦之上。當競爭對手遇到困難與危機、或市場發生變動之時，往往就是最佳出手良機，利用短暫的相對優勢搶佔市場，削弱對手，奪取技術、設備、人員，從而壯大自己的實力。

「趁火打劫」的關鍵就在於發現火源、借火而發。

火，可以是敵方之危，卻也可能是天災、戰爭等各種意外之變，更可能是沿著火勢所燒出來的民眾需求與社會之要。企業經營之道便在於緊盯市場，抓住稍縱即逝的良機，星火也可燎原，在正確的情況下出手就能順風使舵無往而不利。換言之，要狠、要準、要有打劫的勇氣、更要有打劫的鐵石之心。

2011年3月11日，日本東北發生了大地震，海嘯過後滿目瘡痍的殘破景象，讓日本人的心中都冷到了極點；政府慢半拍的處理速度，讓災區的災民連溫飽都有了問題。於是民間的單位自己發起了自救，低價連鎖拉麵店提供了免費拉麵；大型飲料公司讓販賣機提供免費飲料；商務旅館供應了免費的住宿；酒店提供了免費的飲料、蛋糕。固然，這些「善舉」或許都是出於善意與對民族的認同使然，但也不能否認這才是趁火打劫的最高手段——明助暗奪。不論是真心、還是假意，這些公司都成功的奪得了民眾的心。

危機中的一把火光

華爾街王子——約翰・皮爾蓬・摩根

約翰・皮爾蓬・摩根（John Pierpont Morgan, 1837—1913），俗稱老摩根的他，是老時代的傳奇人物。1907 年以個人的力量幫助美國度過了金融危機，也是最後一位掌握美國金融業的銀行寡頭；從他而後，政府堅持守住美國金融管理的決定權。

19 世紀 80 年代，老摩根接掌了父親的摩根財團，展現了他驚人的資產重組能力：1892 年，他合併了愛迪生通用電力公司與湯姆遜—休士頓電力公司，成為現在美國第一的奇異公司（或稱通用電氣）；1901 年，他將聯邦鋼鐵公司與卡內基鋼鐵公司陸續與其他鋼鐵公司合併為美國鋼鐵公司，成為當時壟斷全美鋼鐵業的的縱向托拉斯集團；另外更重整了鐵路系統與海上運輸事業。通過一系列金融資本與工業資本的壟斷結合，摩根財團建成了一個龐大的金融帝國，華爾街成為了當時真正的金融中心。

1884 年開始，美國經濟困境浮現，屋漏偏逢連夜雨，當時美國工人為了爭取八小時的工時罷工抗議，市場上更掀起了搶購黃金的熱潮，導致黃金大量外流，美國財政部的金本位制度即將面臨破局危機。美國總統克里夫蘭不得不出面信心喊話，但同時私底下也想方設法的要拋售美國證券以換回黃金，一解燃眉之急。

為了度過這場經濟危機，美國財政當局評估，至少需要一億美元的資金調度，因此克里夫蘭總統不得不找上了當時的華爾街霸主——摩根。

老摩根早就看準了美國政府已經無力回天，當下一方面表明願助一臂之力，由他出面籌組承銷集團承辦黃金公債，既解政府之圍，自己當然也打算從中大撈一筆；另一方面，他卻也提出了嚴苛的附加條件免得做了白工。

這樣的作法，美國政府一時之間自然無法接受，於是打算委託國內銀行合作發行5000萬美元的公債。但當時各家銀行多半都已是火燒屁股自顧不暇了，更何況背後的太上皇老摩根哪容得別人擋他財路？這下好了，克里夫蘭總統眼前明擺著只剩下一條路可走了。

出於無奈，克里夫蘭總統只好再度召見老摩根。談判過程中，老摩根毫不讓步，美國總統被逼得像頻尿似的老往洗手間跑——其實他是每五分鐘就找藉口溜出去和財政部長商討對策。

最後，老摩根使出了殺手鐧，說道：「就我所知，國庫現在只剩下900萬美元的庫存金了，」一邊說著，他邊點起了克里夫蘭總統最討厭的雪茄續道，「眼下我手邊就有一張1200萬美元的支票等著兌現，是不是要我現在就拍個電報匯到倫敦去呢？」

當晚，總統不得不對華爾街俯首稱臣。老摩根從中淨賺了1200萬美元，當然美國政府也確實渡過了這次金融危機。而他這種趁火打劫、明助暗奪的作法被部分的人說成是貪婪的強盜大亨，不過這也不能否定他在工業化進程中是個實實在在的商業英雄。

吃掉太陽的紅色巨人──甲骨文公司（Oracle）

全球三大軟體公司，藍色巨人 IBM 令人難忘、微軟大帝令人畏懼，而紅色巨人甲骨文則在背後虎視眈眈，隨時準備搶下第一的寶座。

甲骨文雖然身為 IT 產業界的商業巨擘，但對一般的民眾來說卻有些陌生。因為甲骨文公司專精商用軟體的開發，所以當你使用提款機領錢、或是在航空公司訂機票時，其實你都是在享用甲骨文公司的發明。

1977 年在矽谷創立的甲骨文，從不到百萬美元的身價，在十年間迅速竄起，2004 年市值達 640 億美元。創辦人勞倫斯．埃里森（Lawrence J. Ellison）曾說：「我要 Oracle 做全世界第一的軟體公司。這樣我就可以超越比爾．蓋茲了！」而他也的確在 2000 年首度打敗比爾．蓋茲登上首富寶座。天生強盜性格的他，偏好巧取毫奪，從 2005 年開始展開了一連串的併購。

2009年，甲骨文以74億美元的天價，收購了曾在伺服器領域引領風騷的昇陽電腦（Sun），完成它第五十二項併購案，也一舉震撼了IT產業！

昇陽電腦創建於1982年，主要產品是工作站、伺服器和類Unix的Solaris作業系統。1995年開發的Java技術更成為了第一個通用軟體平台，是人人垂涎的金雞母。只可惜由於經營問題，2008年財報中第三季的負數達到了16.8億美元，拋售問題已迫在眉睫。

IBM本來一直對收購昇陽抱持著高度興趣，消息傳出後，昇陽的股價一度大幅上揚。但IBM因為公司內部業務與昇陽有太多重疊，擔心在通過反壟斷調查時會有所困難，也因此IBM始終猶豫不決；而另一方面，其提出的收購價每股9.4美元也一直不能被昇陽接受，認為大大低估了價值。

談判破局，昇陽股價應聲而跌，離職潮暗流浮動，本來姿態還很高的昇陽眼看大勢不妙，急地不得不趕快另尋買主。就在這時候早就暗中鎖定的甲骨文出手了，以每股9.5美元的價格硬是買下了昇陽電腦！

「趁火打劫」奏效了，甲骨文此舉不但一舉奪得了Java和Solaris兩項人人欣羨的金雞母，而甲骨文本身的高端軟體與昇陽在硬體方面高端技術的結合，幫助甲骨文向全面性的業務拓展，這對原本產業內唯二的一體化企業：IBM、HP產生了巨大的衝擊。

這下不單趁火打劫地吞了太陽，更是一石二鳥的狠狠反咬了IBM一口。

微軟帝國的不敗秘訣

多年榮登世界首富的比爾．蓋茲，可以說是眾所公認的企業鉅子。微軟的崛起故事，大家或許都聽過了；但微軟持續壯大而不敗的祕密，這才是我們該關注的焦點。

微軟的成功絕活，說的難聽點就是「趁火打劫」！這套商戰不敗密碼可以說是從比爾．蓋茲以降，微軟至高的企業精神。

2011年微軟聯合創始人保羅．艾倫在他的回憶錄中提到：1980年，艾倫和蓋茲邀請了史蒂夫．巴爾默（微軟現在的CEO）成為公司第一位的商業經理來管理公司；而就在那段時間，艾倫罹患了淋巴瘤，卻仍常常勉強著身體的病痛進公司以求達成工作目標。不料到了1982年——不知道消息是否為刻意洩漏的——蓋茲和巴爾默兩人在辦公室談話的內容被傳了開來，他們打算透過向其他股東增發股票的方式來稀釋艾倫的持股比例。為此，1983年艾倫心灰意冷的黯然離開公司；當時，蓋茲甚至還落井下石的企圖以極低的價格收購他的股票。所幸艾倫還是有點眼光的，這些股票到了今天可說是價值連城，也為他在世界富豪排行榜上留下了一席之地。

而這種「趁火打劫」的企業精神可不只是停留在公司內部的鬥爭上。2000年代初期，美國線上（Aol）的ICQ即時通訊軟體遇上了發展瓶頸，雖然先佔的市場優勢讓他仍舊保持在即時通訊業的龍頭地位，但由於逐漸肥大的功能以及不討喜的廣告置入，讓稍晚進入市場的微軟MSN抓到了出手良機。2002年美國線上CEO皮特曼迫於壓力而辭去職務，公司為此更是大受打擊；微軟眼見時機來到，加上當時的寬頻網路逐漸發達，微軟立刻與當時全美最大的威訊電信公司（Verizon）合作，將MSN與寬頻網路服務綑綁銷售。從此即時通訊軟體的版圖重新洗牌，ICQ只能偏安一隅苟延殘喘了。

到了2011年，Sony的PS3、PSP網絡服務PlayStation Network由於受到駭客攻擊，連續癱瘓數日無法修復，不僅玩家無法上線遊戲，更嚴重的還有消費者信用資料外流的可能存在。就在這個時候，微軟的發言人出來講話了：「對於Sony所遭遇到的麻煩我們感到遺憾，微軟不希望看到玩家們玩不到自己喜歡的遊戲。我們想說的是，對許多玩家來說，通過Xbox Live玩線上遊戲將帶來與眾不同的體驗。」為此，他們更順勢推出了為期一週的免費體驗活動。落井下石，又見一例。

而同前文《專利大戰——蘋果咬你一口》所述，2010年Apple的iOS與Google的Android兩大智慧型手機／平板電腦作業系統正式開打後，戰況愈演愈烈，正當這兩大作業系統打的如火如荼之時，微軟在旁邊卻看得好不快樂，打算從中趁火打劫一番。

Google 所研發的 Android 系統由於採取開放式的平台，因此引得不少大廠採用其系統，除手機兩大品牌 HTC、SAMSUNG 外，平板電腦、網路數位電視、數位相框、藍光播放器等都大量採用其系統平台。以 2011 年的資料來看，Android 系統的市佔率高達 36%，而 iOS 卻僅有不到一半的 17%。不過即便蘋果看了眼紅想要出手對付，由於其開放系統平台未有營利性質，因此蘋果只能透過對下游實質物件生產商的專利告訴來恫嚇 Google。

Google 這下可急了，雖然自己不會挨告，但這麼下去合作廠商們可能會陸續開溜，而原本預估在 2015 年其機海策略將可讓市佔率高達 45% 的打算即將化為泡影。於是 Google 立刻動手收購了 MOTOROLA 打算增加專利籌碼，可是蘋果的告訴卻仍是如雪片般飛來；不得已，Google 找上了專利大戶微軟合作，透過權利金的抽成方式換來微軟這把專利保護傘。

但微軟哪是單純讓人利用的小角色呢？這塊市場大餅微軟自己早就垂涎以久，只是其研發的 Windows Phone 7 系統卻由於進入太慢而缺乏競爭優勢，既不像 iOS 有鑽營多年的使用者經驗；也不像 Android 有開放系統的免費優勢。上市多月以來市佔率始終不超過 4 %。Google 這次的求援無疑是給微軟一次趁火打劫的機會！

透過權利金的抽成，HTC 每售出一支 Android 手機都需向微軟繳納 5 美元權利金，

SAMSUNG 的權利金抽成更可能高達 15 美元。據統計，微軟從所有賣出的 Android 系統產品中，收取了超過 50% 以上的授權費用，換句話說，每賣出兩台平板電腦或手機，微軟就免費從中抽取了一台的利潤。這對於原本想節省系統平台成本的下游廠商來說，Android 平台的吸引力已經大打折扣。而一旦日後與蘋果上了談判桌，支付給蘋果和微軟的權利金加起來，可能就會吞食掉這些廠商獲利的 10%。既然如此，那何不乾脆與正在積極搶入市場的的微軟合作呢？

Google 既然引狼入室，微軟還哪用跟他客氣，Windows Phone 7 系統的佈局立刻展開，與 NOKIA、HTC、Dell、SAMSUNG、LG 合作的手機於 2011 年開始滲入市場；而在專利取得上面，更聯合了蘋果、RIM、EMC 及 Sony Ericsson 搶走了 Google 正打算買下的北電網絡的六千項專利。這無疑是一場血淋淋的爭奪戰，原本在市場呼風喚雨的 Google 這下可落下了井去，萬萬得小心微軟這顆巨石了啊。

六、幻術的遊戲：聲東擊西

讓大自然來告訴你

——《淮南子．卷十五．兵略訓》——

「夫飛鳥之摯也俛其首，猛獸之攫也匿其爪，虎豹不外其爪而噬不見齒。故用兵之道，示之以柔而迎之以剛，示之以弱而乘之以強，為之以歙而應之以張，將欲西而示之以東，先忤而後合，前冥而後明，若鬼之無跡，若水之無創。故所鄉非所之也，所見非所謀也，舉措動靜，莫能識也，若雷之擊，不可為備。所用不復，故勝可百全。與玄明通，莫知其門，是謂至神。」

《淮南子》是西漢淮南王劉安及其門客李尚、蘇飛、伍被、左吳、田由等八人，模仿秦朝呂不韋《呂氏春秋》的集體著作。劉安是漢武帝的叔父，這本著作的主要目的，就是要教導剛登上帝位的劉徹經世之學。梁啟超曾評道：「《淮南子》匠心經營，極有倫脊。」胡適則說：「道家集古代思想的大成，而淮南書又集道家的大成。」

道家所重，乃是師法自然，而從自然的道理之中我們又可以看到什麼樣的經商之理呢？

飛鳥要獵食前，會先縮起腦袋；猛獸在捕捉獵物前，也不會張晃著爪子；虎豹不會隨時露出牙齒；會咬人的狗不會亂叫。連動物都知道，平日要隱匿實力、甚至示弱欺敵，等到真的動手時才要全力以赴給予迎頭痛擊。

自然的道理就是如此：想往西走，就要製造往東的假象。要像鬼一樣悄無聲息，要像水一樣暗暗滲透；前進的方向未必是真，所表現出來的態度也要讓人捉摸不著。就像平地一聲雷，讓人無法預防，才能造成最大的傷害。

眼見不能為憑

指著東邊打西邊，「聲東擊西」是藉由製造假象讓敵人上當，最後再攻其不備以收最大效益。《百戰奇略》中說：「聲東而擊西，聲彼而擊此，使敵人不知其所備，則我所攻者，乃敵人所不過也。」這說起來，聲東擊西有些「游擊戰」的性質，當敵強我弱之時，小企業仗著規模小、吸收快、轉型迅速的優點，可以利用打游擊的方式讓對手無法集中火力，進而收到保衛自我、消耗敵方、拖延時機以求有利之機的戰略效益。

此計的應用方法很多，例如散播謠言、混淆視聽，讓競爭對手增加顧慮而錯失了入場良機；又或者是故布疑陣、遍地開花，讓對手顧此失彼分散力量，最後再趁隙而入一舉切入重心要地。

但不論應用的方法為何，中心的要點仍是「保密」與「主動」。

商場之中「秘密」本就價值千萬，瞬息之機稍縱即逝。搶先，是不言可喻的道理。而「保密」更是聲東擊西時的中心根本，否則企圖一旦被掌握了，就算孫悟空七十二變最後也是逃不過如來佛的手掌心啊；如果說保密是本，那麼「主動」就是其應用之變，透過不斷的主動攻勢讓對手窮於應付，既迷惑對手遮掩真實企圖，更進一步來說，是誘導對手錯誤布置市場主力、自耗空轉，最後便能從毫無防備之處讓他一刀斃命。

簡言之，就是要「出奇制勝」！

聲東擊西的重點其實就在於以花巧的外觀包裝真正的意圖。他不一定要四處放火擾亂對方，但一定要有一個完美精巧的幌子讓對手搞不清楚狀況，如此一來才能出奇制勝，用最少的成本達到最大的效益。

「聲東擊西」和「圍魏救趙」兩者之間有相呼應處，但也有不同之處。「避實擊虛」是其共同之理；而圍魏救趙裡提到的「分散投資」特性和聲東擊西又有些兒不一樣。對圍魏救趙而言，圍魏可以是真圍也可以是假圍，因此分散投資既是為了避實，同時也可以是認真的經營多角事業。但聲東擊西卻並非如此，「聲東」始終只是個假象，是為了分散對方力量所做的幌子，如果反而自己認真了起來，那不是自己上了自己的當嗎！

魔術師！從你的荷包變出錢來！

我變，我變，我變變變！金黃色的富士山！

說到咖哩，首先會想到的就是從日本漂洋而來的咖哩香。在台灣一般最為人所知的，是在便利商店就買得到的佛蒙特咖哩；但在日本人的心中，真正的傳統風味卻是「S&B」咖哩。

S&B 食品公司於 1923 年創立，是日本第一家百分之百使用日本當地原物料生產的咖哩。由於創始人山崎峯次郎先生的堅持，他引進了各種香料在日本當地生產，使 S&B 的咖哩味充滿了濃濃的日本風味。

經過長時間的研發，S&B 的咖哩粉已經可以說是無懈可擊。但由於 S&B 公司的規模並不大，而市場上又有眾多進口的咖哩在競爭，造成 S&B 的市場通路始終打不開，甚至囤積了大量存貨讓經營陷入了困境。眼見破產危機在即，公司領導高層想方設法卻一直無法有所突破，連續換了三任經理仍是如此。就在這種狀況下，第四任的田中經理走馬上任了。

田中很清楚，市場之所以打不開，是因為以公司的規模和「在地生產」的堅持，讓公司的行銷成本無法與其他進口公司競爭。既然如此，那就只能出奇制勝！

這日，日本《讀賣新聞》、《朝日新聞》等大報共同刊登了一條驚人的消息：S&B公司為了提高產品知名度，將租用直升機飛到白雪皚皚富士山頂撒下咖哩粉，從今而後，我們將會擁有一座金色的富士山！

此舉大大的驚動了日本的社會，富士山可以說是日本的精神象徵，豈容得如此羞辱。一時之間媒體和輿論群起撻伐，本來名不見經傳的公司瞬間獲得了大量的曝光。

隨著預告的日子逐漸逼近，人們越來越緊張，即便本來不感興趣的人也都在氣氛的渲染下翹首等著看故事的結局。就在預告日期的前一天，S&B宣布：「鑑於全國上下一致反對，S&B公司將放棄原訂計畫，從善如流。」消息一出，全國歡天喜地的慶助這場鬧劇圓滿落幕。

其實，明眼人都知道這只是個幌子罷了，即便把全公司的庫存都搬將出來，或許都還只能讓富士山泡泡腳而已。

幌子做的夠大了，而私底下S&B也沒閒著，實際上它正悄悄的進行著通路的洽談。許多小廠商，一時之間誤以為S&B是間財大氣粗的超級公司，紛紛答應了日後的合作計畫。於是S&B的銷售通路一時大開，成為了日本國內市佔率50%的黃金傳奇。

你開心，我開心，大家都開心

隨著前些年的百年婚潮來到，不少新婚夫妻為了紀念這難忘的一刻紛紛傳出了不少有趣的舉動：有高空跳傘證婚、有海中婚禮、或者是鐵道喜宴，各式各樣的紀念方式都是為了讓這重要的日子成為值得紀念的一天。日本的鹿兒島也有個紀念新婚的習俗。

鹿兒島的部分地區規定，新婚夫妻要在結婚當天種下一棵樹並立碑刻上姓名和日期，五十年後才可以砍伐。不過對於甜蜜恩愛的夫妻來說才捨不得呢！五十年過去了，這棵樹正好見證他們的愛情軌跡，是五十週年紀念裡最重要的嘉賓。這個規定既綠化了市容，更是默默的祝福著新婚夫妻能夠長相廝守，非常地有意義。

而這樣的傳統之後，還有一個特別的故事。

21世紀初，鹿兒島的有元飯店由於經營得當，生意越來越好，旅客日增。但苦於飯店本身的規模不大，休憩地有限，想要再更上一層樓必定會遇到瓶頸。

飯店旁邊有一座光禿禿的山，照理說是一個很適合開發的寶地，但苦於人工、資金耗費必巨，飯店可拿不出這麼多錢來開發。西村老闆念頭一轉：既然我做不到，那何不找來免費的幫手呢！

心頭底定，數天後就在各大媒體上看到了這樣的廣告：「親愛的旅客，歡迎來到有元飯店。如果您想留下永恆的紀念，請來到鹿兒島種下一棵專屬於您的紀念樹吧！」後面更附上一排小字：「第一棵免費。」

於是人們「喜愛紀念」的特性被誘發了，第一棵免費的效應也逐漸發酵：一來人們誤以為撿到了便宜，因而進一步的開始考慮是否要種第二棵、第三棵……；二來也掩飾了飯店利用這些「免錢員工」的真實意圖。

廣告一推出，立刻吸引了眾多的都會人士紛紛尋聲前來，畢業生、新婚夫妻等更是趨之若鶩，日本人喜歡種樹做為紀念的特性被大大的利用了。不到一年的時間，植樹的面積居然已經高達了兩萬多坪，本來光禿禿的一座山蛻變成為楓紅柳綠、鳥語花香的觀光勝地。優美的環境、有趣的活動，不單單只是吸引了好奇的遊客前往尋幽訪勝；對於在那兒種過樹的人們來說，總有三五好友會相約前往懷舊，成為了飯店最忠實的客源。

完美的糖衣，讓所有的人都皆大歡喜，也使得植樹之旅成為鹿兒島當地最為知名的觀光產業。

可口可樂——我真是猜不透你啊

1886 年問世的可口可樂，至今是全球最大的飲料公司。全球近 48% 的市場佔有率不僅驚人，旗下 Coca-Cola 和 Diet Coke 兩大品牌更是霸佔了世界三大飲料中的兩張王座。

可口可樂是如何蛻變成如今全世界最具代表性的飲料呢？這其實要從二次大戰期間說起。

1941 日本偷襲珍珠港後，美國正式參與了第二次世界大戰。在戰爭的影響下國內百業蕭條，當時規模還不大的可口可樂當然也受到了衝擊。

當時是可口可樂的第一任董事長羅伯特．伍德羅夫在任，正當他一籌莫展的時候，卻接到了在前線的朋友——班塞的來電。班塞是麥克阿瑟手下的上校參謀，他這次是從菲律賓戰區回國述職的，趁著空檔，他打了通電話給老朋友。

伍德羅夫很訝異接到他的來電，忍不住開起玩笑說：「難得你還想著我啊！」

班塞笑著說：「我不是想你，我是天天在想你的可口可樂！好長時間沒喝到家鄉的味道了，在菲律賓的叢林裡熱得要命，真想喝啊！一下飛機我就喝了兩大瓶。」

不料一句玩笑話，卻讓伍德羅夫想到了一條全新的路！

不久，伍德羅夫推出了一本書《完成最艱苦的戰鬥任務與休息的重要性》，其中強調由於戰場上必定大量消耗體力，因此可口可樂所能提供的水分與糖分無疑是重要的補給，並得出結論：「由於在戰場上出生入死的戰士們的需要，可口可樂對他們已不僅是休閒飲料，而且是生活必需品了，與槍炮彈藥同等重要。」

透過一波波的宣傳，國防部的官員也同意把可口可樂列為軍需品，於是伍德羅夫冒著戰火將可口可樂運往各戰區，更在軍隊駐紮地建設飲料生產工廠大量生產。

表面上看起來，伍德羅夫似乎是想藉著這個機會大發災難財，但事實上士兵只需花5美分就可買到一瓶可樂，這無疑是一個賠本生意！

不過妙就妙在這種就算賠本也要支援前線的作法，反倒激起了全美國人民的愛國心，一時之間可口可樂變成了國民飲料，人人搶著要和前線的士兵喝同樣的飲料！短短三年內，可口可樂的銷量突破50億，而這段期間培養起來的忠實顧客，以及在國防部支持下於海外所增設的廠房，更是為可口可樂的未來奠定了最堅實的基礎。

成為了全球最歡迎的飲料後，可口可樂和緊追在後的百事可樂卻是一場永無休止的追逐戰。如《百事可樂——一百年也不放棄的挑戰者》中所述，從1970年代開始，百事可樂所做的街頭實驗再再證實了一件事——那就是相較於可口可樂，百事可樂的味道事實上才是最接近民眾喜好的口味。

眼看著銷量的逐漸遞減，1984年公司高層做出了決定：推出新口味的可口可樂，已經刻不容緩！

但到底要怎麼做，才能讓民眾接受全新配方的可口可樂呢？為此，公司忍痛做出了一個大膽的嘗試。

1985年4月，可口可樂宣布：為了慶祝公司的百年誕辰，沿用百年的配方即將停用，未來將會以全新的配方帶給消費者全新的體驗！

消息一出，全美一陣譁然，代表美國的口味怎麼能就此消失？從二次大戰以來可口可樂幾乎已經與美國精神深深的綁在一起，可口可樂總公司每天都收到大量的抗議信與責罵電話——「即使你在我家前院燒國旗，也比不上改變可口可樂更讓我惱火！」、「改變可口可樂就像擊碎美國人的夢，就像球賽上沒有熱狗賣一樣。」各種謾罵不絕於耳。不少消費者也走上了街頭大聲遊行示威，更有些瘋狂的群眾甚至告上了法院，希望透過公權力來阻止可口可樂「無知」的行徑。

新配方的可口可樂一推出，即便反對聲浪不斷，但仍是有1.5億的人忍不住好奇嚐鮮，當中自然也是有不少人喜歡上全新的可口可樂。只是這些都沒有反應到銷售數字上，感情上的不認同讓可口可樂的支持度極速下滑，不少人寧願大量囤積老可口可樂，也不願意承認新可樂的全新體驗。

這些情況都讓百事可樂看在眼裡，眼看可口可樂自毀招牌把情況搞到如此天怒人怨，嘴裡不說，心裡可開心的要命。這場號稱美國商業史上最大的失敗，讓百事可樂以為抓到了機會，開始大作宣傳準備搶佔市場。

不料，在全美哭天搶地的三個月後，1985年7月，可口可樂又宣布：老可口可樂將以「經典可口可樂」重新回到市場。

「美國歷史上意義非凡的一刻」當時的人們留下了這樣的一句話。「我覺得就像迷路的朋友回家了一樣。」全美的支持者用最熱烈的歡迎期待老可口可樂的回歸。一時間經典可口可樂成為市場上最搶手的商品，不但銷售量比起去年大幅上揚了80%，股價更是應聲暴漲；但百事可樂卻不得不哭了出來，這些日子所投下的行銷成本登時灰飛湮滅，銷售量更是讓人不忍卒睹。

新可口可樂這場出師不利的慘敗，可以說是個超級幌子。話題十足的效果幫可口可樂公司省下了400萬美元的宣傳費，更讓百事可樂錯估了情勢。而最後的結果更激起了民眾對經典可口可樂的強烈支持，同時也讓更多的民眾有機會接觸到新可口可樂的絕佳風味。

脫穎而出的制敵絕活（敵）

在勢均力敵的互相抗衡中，既要有膽有勢，更要審時度勢。在一場力與力的較量中，勝利，絕不是比腕力這麼單純的力氣對決。一點點小計策，往往就能翻轉整個局勢。

企業的經營、商場的競爭，人人都在追求脫穎而出，但要鶴立雞群，除了天生長的比人高之外，其實你也可以學會如何踩高蹺！一個企業，除了商業實力上的競爭外，創新、求變，通常才是決定企業成敗的關鍵。這些平常看不到的軟實力，卻總會在某個瞬間決定了企業的成敗。

就像是生命一樣，企業也有其成長的生命週期，每個階段的轉捩點，時常是決定下一階段命運的轉機。而為了創造不斷向上的命運曲線，掌握本章「誑之、藏之、觀之、安之、舍之、積之」的商場訣竅，你才能自我創造機會，更能在機會到來時做出正確的抉擇。

七、隱藏在背後的巨大力量：無中生有

三人成虎

——《戰國策．魏策》——

戰國時代，天下諸侯並起，彼此打打殺殺的鬧個沒完沒了。合縱連橫之下，部分國家為了互相取信，於是流行起交換人質的戲碼。

這天，魏國的太子即將要被派到趙國當人質了。身為一國太子，就這麼一個人孤孤單單的上路何其悲愴啊！於是魏王派了大臣龐恭隨行前往，有了信賴的龐恭同行，多少也是讓太子在異國有個照應。

但龐恭可不是這麼想。趙國千里迢迢，這一去又不知何時才能回來。即便回來了，萬一這段時間有人胡亂向大王說個幾句，那我不就再無得寵之日了嗎？

於是龐恭轉頭向魏王說道：「大王啊，如果今天有人跟您說，街上來了隻大老虎，您會相信嗎？」

魏王一時被問的有莫名其妙，隨口答道：「不會。」

於是龐恭再問：「那如果有第二個人這樣跟您說呢？」

魏王被問的更是不解了，於是謹慎的答道：「可能會開始懷疑吧。」

龐恭又問：「那如果第三個人也這麼說呢？」

魏王搔了搔頭，換了個答案：「那我會相信吧。」

龐恭聽到了想要的答案，於是趁機教育了大王一番：「王啊，大街上很明顯是不會有老虎的啊。可是當您聽到三個人說有老虎時，你就不由得相信了起來，這不正是人言可畏嗎！如今我要到趙國去了，邯鄲離這兒可比大街遠的多了，背後說我壞話的人也絕對不會只有三個，希望大王您可不要被人給騙了。」

當然，這番話聽在魏王耳中，的確是有幾番道理；不過聽起來滋味卻也不怎麼好。就這樣，雖然魏王嘴上說會小心謠言，但謠言卻沒有止於大王。當龐恭好不容易從趙國歸來後，卻再也沒有機會一見大王聖顏了。

「無中生有」雖然現在已然找不到它源起何處，但三人成虎，就是一種無中生有的具體實踐。「有」、「無」變化之間，假假真真，善用無中生有就能讓對手在假象與謠言中迷失，進而見縫插針實踐自身利益。

謠言生於智者

「無中生有」其實可以從三個面相來切入。

首先，用比較奸巧的邏輯來思考，就是造謠生事。造謠是透過憑空杜撰的假象來造成對手的困擾，生事是利用捏造的事件加深問題的矛盾、渲染是非曲直的對立。空口白話固然容易，但要能成功卻相當困難，一來對方未必會上當；二來損人也未必利己。造謠的目的是為了從中取利，如果只是單純的重傷他人或是胡亂用假情報攪亂局面，往往到最後受害最深的卻是自己。所以說「謠言起於智者」，唯有做好了精密的布局，謠言才有意義，也才不會反傷其身。

但無中生有卻也不盡是如此顛倒黑白之舉，更多時候，它是被利用來營造一種「感覺」，當感覺對了，那就是姜太公釣魚、願者上鉤了。這種例子在台灣的商場中最常見的就是咖啡館的經營。在台灣的咖啡旋風，可以說是從星巴克帶動起來的，依照不同店面而別出心裁的裝潢、濃郁的咖啡香、中上價格的定位、沙發式座椅營造出的悠閒氣氛、以及方便的網路空間，這些都深深吸引了白領上班族的目光：他們終於找到了一個寵愛自己的方式、一種附庸風雅的可能、一個和朋友在忙碌的一天後放空休憩的地方、或是一個可以自在窩著的角落，這種賣氣氛附帶著賣咖啡的作法，形塑了台灣咖啡產業的一種文化，也讓無形的力量展現了最有力的真實價值。

最後，在企業的目標規劃上，無中生有也能解釋為「新點子」的開發。要從無到有、重新找出一條沒人走過的路確實是困難的，但也正因為如此，其中才蘊含了無限的商機；事實上，有時候新的道路並非是費盡心血的重新研發新產品，而是隱藏在現有的選擇之中。透過市場定位的區隔，相同的產品透過重新包裝與定位後，或許就能開發出新的客群與市場價值。

「無中生有」的定義非常廣泛，而三層不同的涵意當然也就衍生了不同的運用方法。在商場競爭中爾虞我詐之間，就要善用造謠生事，為自己營造活動的空間；在與眾多的同行競爭之中，就要善用「感覺」的營造，用無形的力量為自己創造鶴立雞群的價值；在白手起家的創業過程中，則要善用無中生有的力量找出新點子、新路子，讓自己能在市場的空隙中尋求立足揚名的機會。

抓風成石、點石成金

岡山——桃太郎傳奇的故鄉

桃太郎的故事雖然源自於日本，但對於台灣人來說也是家喻戶曉的童話故事。但是你有想過故事的起源又是如何嗎？一個口耳相傳、面貌模糊的民間傳說，是如何逐漸演變成現在這樣清晰可人的童話故事呢？

這其實與一個日本地區的發展史有著密切的聯繫。

岡山，在當時還是個缺乏特色、旅遊資源貧困的地方。為了發展觀光，當地政府絞盡了腦汁也要想出一個與眾不同的發展方向。於是他們派出了大隊人馬下鄉考察，四處探訪當地老人搜羅資料，希望透過深度的了解，挖掘出當地獨特的風土民情。

經過多月的努力，他們找到了一段不算完整的民間傳說。相傳在第十代崇神天皇十年（西元前88年），來自朝鮮的王子「溫羅」佔領了吉備國（包含今日本岡山縣全部，兵庫縣西部，廣島縣東部和香川縣的島嶼部分），在當地蓋起鬼城，作威作福了起來。於是，第七代孝靈天皇之子「吉備津彥命」受命帶領三位家臣前往討伐。邪不勝正，吉備國終於歡天喜地的回到了日本國的懷抱。

這段野史固然有點兒趣味，但若非當地人士或是歷史愛好者，說起來實在沒什麼吸引力。

因此岡山政府決定將這個故事大大的改造了一番。他們重新融入了來自各地的民間傳說：例如鄰近香川地方「海上飄來的武士打跑了海盜」的故事；加入了中國思想中桃子可以闢邪的想法；再配合陰陽學說中東北「鬼門」的說法讓「溫羅」搬家到了東北的鬼島上；最後再創造出了猴（智）、雞（仁）、狗（勇）的可愛部下。於是，現在的桃太郎故事成形了！

從歷史故事，變成了充滿寓意的童話故事，而這些故事卻又剛好跟鄰近地區的某些傳說吻合。於是一時之間「桃太郎」的故事就傳了開來，書店裡出現了各種版本的故事。

面對這股風潮，岡山政府也陸陸續續的推出了各式各樣的活動與之呼應：岡山車站前樹立起了桃太郎與猴、雞、狗並肩而立的銅像；站前的大道也改名為「桃太郎大道」；商店裡賣著桃太郎賄絡手下的吉備團子；誕生桃太郎的桃子也成為了當地著名的農產品；整個城市的建築裡都可以找到鬼與桃太郎的雕刻；路邊擺攤著各式各樣的周邊商品；2001年開始更發展出了桃太郎祭典。「岡山，是桃太郎的故鄉。」——這句話已經變成了人們前來岡山的線索，好像岡山才是從那顆桃子裡蹦出來的傳說之地。

一段普通的歷史傳說，經過包裝後卻成為了名聞遐邇的童話故事，當然這是在長時間累積的歷史背景下轉化而成的機運。其實全日本有四十個縣市也都主張著他們才是桃太郎的故鄉，但其實這個故事早就融入了來自各地的民間傳說，或許每個地方都可以說是他的起源地。

但只有岡山成功了！因為當地政府的努力，像造夢般營造出了一個活生生的「桃太郎故鄉」，讓人們可以從中找到鬼城、看到祭祀吉備津彥命的神社、吃到傳說中的吉備團子。於是，人們相信了。就如同岡山自己深深的相信他們擁有桃太郎一樣，來到岡山，人們就能夠進入桃太郎的世界。

汽車大王——亨利・福特

1999 年《財星》雜誌稱呼他為「20 世紀最偉大的企業家」，2005 年《富比士》雜誌將他選為有史以來最有影響力的企業家。亨利・福特可不僅僅只是福特汽車的創始人，更可以說是汽車產業的領航人，工業革命的再革命者。

在 1903 年成立「福特汽車公司」之前，他其實也曾創立過兩家公司。第一次，他開創了「底特律汽車公司」，不過這間公司很快就倒了，因為他只關注新產品的研發，卻完全不在乎「買賣」這個商業中最重要的環節；第二次，他創立了「亨利・福特公司」，這次則因為醉心於和其他廠商的競爭，最後卻被自己的贊助者背叛而黯然離去；趕走亨利・福特後的公司改名為「凱迪拉克」，成為汽車產業裡另一個強勁對手。而經過這兩次失敗的教訓，讓福特開始認真的思考爾虞我詐的商場求生之道。

福特汽車公司於 1908 年開發的「福特 T 型車」由於在賽車競賽中屢屢獲勝，成為市場上搶手的當紅炸子雞。

1913 年開始，福特將配裝線的生產模式引進了汽車生產中，這種作法和當時流行的三人一組從頭開始製作汽車的方式大相逕庭。新的製作方式帶來了全然不同的結果：製作時間縮減為原本的 21%，產量更是相對的大幅提昇！這種製作方式躍升了工業革命後的生產模式，大規模的生產讓社會和經濟等各個層面都產生了質變，甚至有專家學者把這種現象稱為「福特主義」。

福特 T 型車開始大量生產了。但成堆成堆的貨品，以及熱絡的市場需求，對福特來說卻是看得到吃不到；因為以當時公司的規模，實在無法照顧到來自世界各地大量的客戶。經過深思後，他突發奇想的創建了「授權經銷商」制度，透過這些中間商替他輻射出更為廣大的市場空間。以 1921 年來看，福特 T 型車在美國擁有 68% 的市佔率；而 1927 年停產前，總計共賣出一千五百萬台，成為了往後四十五年的最高記錄保持者。

兩個新點子都是無中生有的最佳範例，從未有人想過的作法反而蘊含了商機，為他賺賺進了大把大把的鈔票。不過事端卻也應運而生，1916 年時，福特打算拿公司賺來的這些錢再擴大生產，以錢滾錢。但公司的股東道奇兄弟卻頗為不滿，認為公司賺來的錢，應該先拿來讓股東們分一杯羹才對，怎麼可以擅自拿去投資呢？

於是道奇兄弟一狀告上了法院，認為公司營利的目的乃是在為股東謀利，在這樣的前提下，即便是企業的董事也不能擅自挪用款項，必須盡到其社會責任。

1919年判決結果出爐，福特敗訴！這讓福特火大到了極點！

為了趕走這些只會妨礙公司發展的股東蒼蠅，福特心念電轉間又有了個主意。

1919年底，亨利．福特突然在董事會上宣布辭去總裁一職，將讓他的兒子埃茲爾．福特接任職務。正當股東們還在一頭霧水時，卻又聽到了一個更勁爆的消息：「亨利．福特即將籌組一個全新的汽車公司！」

這下股東們可急了，如果亨利．福特離開，這間公司還能叫做福特汽車嗎？更何況他不只是離開而已，而是要另起爐灶，兩相競爭之下現有的利潤絕對會大打折扣。

就在股東們正猶豫要不要拋售手中的股票時，突然有一個謎樣的人物出現了。他表示願意收購每個人手邊的股票，但有一個條件：全賣或不賣，沒有討價還價的空間。

於是，這個謎之人物就這麼用1.06億美元買下了所有小股東的股票。而大家應該也都猜到了，在這個謎樣人物的背後，真正的買主就是亨利．福特。從此，再也沒有人能夠對他的決策說三道四，成為了貨真價實的「汽車大王」。

亨利．福特的成功，在於他善用狀況，充分演繹了「無中生有」的計謀：一開始，他用與眾不同的思考方式，以兩個全新的點子為公司帶來了巨大的利潤；於後，他更用造謠生事的手段，讓自己能夠重新掌握主動權，大刀闊斧的拓展公司的業務。福特的成功，不僅僅是他個人的成功，更為世界裝上了輪子，讓每個人都能從他的新點子中另闢商機，帶動了世界的進步。如今，你是否也能從他的例子中，找到一些引領你邁向成功的新點子呢？

帶動書店二次革命——誠品

於 1989 年由吳清友創辦的誠品書店，發展至今，實可以稱得上是台灣最為人所知的文化標誌。24 小時營業的誠品敦南店更是外國人來到台灣非去不可的文化地標，此時遞上「台灣之光」的桂冠，似乎也只是恰到好處而已。天下雜誌更以「帶動書店二次革命，以質聞名」的美譽稱呼它，它讓「書店」不再是擁擠的藏書庫，而是一個優良的閱讀與人文空間。

1989 年，在飯店餐櫥設備做業務的吳清友，事業前景正一片看好，三十一歲接下了原公司的全部股權後，更帶領公司搶占了全台 80% 的業務市場。但這樣的成功並不足以讓他滿足，因為他已預見了高級飯店的市場即將飽和。於是當下他毅然決定要轉而創立「誠品書店」，他希望：「誠品不是自己賣書，而要是推廣閱讀，因時代而異的誠品，希望超脫出不只是書的交易場所，『人』才是我們的主要優先的關懷。」而這段話也正是誠品成功背後最堅固的基石。

就如誠品的英文名稱 eslite 一樣，這個由法文古字引用而來的字，代表著「菁英」之意。誠，是一份誠懇的心意，一份執著的關懷；品，是一份專業的素養，一份嚴謹的選擇。誠品的名字，本就包裹著一層濃濃的文化韻味，一種知識分子的自我期許以及對文化社會的關注堅持。

而這種對於品牌形象的塑造，正是誠品書店努力的方向。在空間上，誠品書店努力營造出一種「文化商圈」，書店不再只是書店，而是一個包含了藝文活動、休閒閱讀、親子休憩的綜合場域，甚至透過《一頁台北》等電影，誠品也可以變成約會與邂逅的完美場所。1989 於誠品敦南店開始，於後陸續開張的每家誠品都因著地域而有不同的發展模式：敦南店是人文薈萃的地方，有著藝術沙龍、部分的精品店、以及 24 小時不休息的溫暖閱讀空間；台北站前店是人口密度高的地段，麻雀雖小但五臟俱全，你可以在這裡找到送人的禮品或是適合上班族閱讀的各式雜誌與書籍；台大的分店，是學校及藝文基金會的聚集地，因此針對各方的藝文人士不時的舉辦各種類型的座談會；信義誠品則位在台北精華地段，以百貨形式的多角經營包含了飲食、精品、文創、以及號稱亞洲最大的書店面積，讓他在百貨商圈硬是闖出了自己的一片天。

而不只在空間氣氛的營造上，誠品的文宣更是以跨越空間的想像力來傳播：「為自己心愛的人讀一個簡單的故事」、「當海明威閱讀海發現生命要花一輩子才會上鉤的魚，羅丹閱讀卡密爾發現哥倫比沒有發現的美麗海岸線，佛羅伊德閱讀夢發現一條達淺意識的秘密通道。」……一段段美麗的文案渲染了文字的魅力，誠品不會直接告訴你「來買書吧！」而是在你的潛意識裡種下了「讀書是如此美好」的種子，那麼，當你想買書時，自然就會來到誠品！

於是，誠品成功將他的「形象」烙印在人心。當你想到書，你會想到誠品，想走進誠品看看最新的排行榜；當你不知道自己要買什麼書，你會想到誠品，因為他們有最完整的書籍和最舒服的閱讀空間，可以讓你慢慢的尋找驚喜的可能。無形的力量逐漸轉化成現實的行為，誠品營造的氣氛成為了實質的來客數。

但事實上，這也只是一種美好的假象。人們來到這兒品味美好的氣氛、洗滌自我的心靈，但實際上會拿著書到櫃檯結帳的人卻只有約 30% 左右。從 1989 年開始的前十五年來看，誠品其實一直呈現著虧損的狀態，但由於誠品這種特殊的品牌形象，讓不少大企業家（殷琪、林百里、陳泰銘、童子賢……等）都樂於挹注資金來培植這頭文化巨獸。

而誠品也不只是表面上那樣單純的「書店」，從2000年開始誠品也拓展了業務範圍，成立誠品流通事業部，擴大領域到餐飲食品、用品、設備、畫廊等通路銷售。這是誠品的轉機，從2004年開始誠品轉虧為盈，到2011年時，年度總營收高達了110億元。

誠品2004年後的成功，其實要歸功於前十五年的品牌型像經營。雖然其後誠品在「書店」的經營上大多還是虧多於盈，營業額也只佔了集團中的30%；但透過其他70%事業的營利卻讓誠品能夠擁有12%的營運成長率而屹立商場。

「形象」這股無形的力量帶給了誠品強大的品牌外貌。誠品的東西或許不便宜，卻能讓上流社會感覺到「菁英」的自我滿足；而文化品牌的推廣，也讓白領階級、知識分子、社會青年……不論是不是愛書人，都會以「我在逛誠品」來獲得某種程度的認同滿足。這種整體的「菁英」與「文化」形象，一旦轉化到物流上，隨便從誠品畫廊賣出幾幅畫，或許就能打平了書店一個月營業額的虧損。

誠品這種以無生有、以有養無的作法其實是非常值得借鏡的經營模式，無形的力量雖然看不到，但往往卻是決定客戶掏錢的最終關鍵。

八、子彈會轉彎：暗渡陳倉

表面的愚蠢

——《史記．高祖本紀》——

西元前207年，項羽兵進鉅鹿大敗秦軍，隨後進入秦國的老巢——關中，自立為「西楚霸王」，分封天下。

各路英雄之中，項羽最忌諱的就是劉邦。由於兩人先前曾協議過「先入關中者為王」，而當項羽正在鉅鹿痛宰秦軍的主力部隊時，劉邦就此良機鑽進了關中。雖然劉邦最後讓項羽用一場鴻門宴給嚇得逃出了關中，但劉邦的野心可說是不言可喻了。

為此，項羽在這場分封大會上把劉邦發配邊疆，一甩手就把他丟到了巴、蜀和漢中一帶，還裝模作樣的給了他「漢王」的封號。

差一點就可以當上皇帝的劉邦當然滿肚子的不爽，「他馬的，老子本來可是要當皇帝的，現在去那個什麼荒涼地方當什麼狗屁漢王啊」，這時候他可還不知道自己之後的確是要當漢王的，可是卻是個名震天下的漢高祖劉邦！

劉邦雖然滿肚子的不樂意，但又能怎麼辦呢？只好乖乖的帶著眾人西去封地。沿途眾人驚心動魄的走過了架在險峻懸崖上的木製棧道——前往巴蜀的路上如果沒有這些棧道，基本上就如同與世隔絕了一樣，確實是荒涼得緊。

劉邦手下的軍師張良真的可以說是滿肚子的鬼主意。別人是膽顫心驚的走在棧道上根本沒時間多想，他腦子裡想的卻是要燒了棧道——表面上這可以避免項羽日後的追擊；而更進一步，則是要藉由這種自絕生路的手段來降低項羽的警戒，為求他日再起之機。

於是，棧道就這麼被燒了，劉邦東進之路看來也就斷了。

但天無絕人之路，當劉邦來到漢中之後，卻因此得到了韓信這員大將。韓信心有虎豹，決心幫助劉邦奪得天下，於是於西元前 206 年與劉邦定下了東進之計。

首先，他命令大將樊噲領了一萬兵力前去修築棧道。這消息被鎮守在關中西邊，負責監視劉邦的章邯聽到後，忍不住捧腹大笑道：「真是蠢斃了！誰叫他們當初要燒了棧道的！自己斷了生路，現在又來修複，這麼大的工程，我看你們是要修到何年何月。乾脆別當兵，去當修路大隊好了。」於是章邯根本不把劉邦這群蠢蛋放在心上。

不料，不久後章邯就聽到消息，劉邦的大軍已經攻陷了關中的陳倉！初時章邯還以為是有人刻意散佈的謠言，但等到派兵回防時早就大勢已去，關中已然成了劉邦的囊中之物。

「明修棧道，暗渡陳倉」這句話就此成為了經典的戰略範例。表面上做一套，背地裡暗暗地來另一套，攻其無備、出其不意，正是其實踐的主旨。

是偷襲也是偷渡

明修棧道，暗渡陳倉。從故事中我們就可以清楚的知道，這是互為有無的戰略計謀。首先，你必須要「明」著修築棧道，棧道也要是有其重要的戰略價值，讓對手不得不相信你的行動意義；如此一來「暗渡陳倉」才能完美的達成，讓對手在促不及防的狀況下苦吞敗果。

換句話說，暗渡陳倉要能達成多大的效果，往往植基於明修棧道的欺敵效果有多大。史記中說：「兵以正合，以奇勝。」要打破固定的思維邏輯，用常法掩護變法才能開創新局。日本經營之神松下幸之助也說：「天地是日日更新，人類的經營生活焉能不日日更新？」唯有馭奇正之變，才能主導商場。

而要了解「暗渡陳倉」的奇正之變，要從兩個不同的面相來看：一個是偷襲；一個是偷渡。

偷襲者，乃是藉由故意暴露自己的行動意圖，迷惑、麻痺競爭對手，待對方大意之時，再來個出其不意的回馬槍。子彈會轉彎？我看你是要怎麼防！

偷渡者，則是要利用明修棧道這個醒目卻又似乎無傷大雅的主要目標，偷偷地讓真實的目標附著其上，以求敵人之不察。敵人如果大意於主要目標的壯大，那麼真實目標便可借勢而上，最後反客為主讓敵人大吃一驚。

因此，從大方向的來說，「暗渡陳倉」與「聲東擊西」兩者之間是極為相似的，都是務求避敵之實而攻其不備，藉由假象引開敵人的注意力來實現自己的真正意圖；但從細節上來說，兩者又有些微的不同。聲東擊西企圖隱藏的是攻擊的要點，讓敵人因為不知道要防守何處而疲於應付或疏於防守；暗渡陳倉講求的是隱藏攻擊的路線，讓敵人雖然知道你真正的目標，卻因為假象而麻痺，忘了對你設下該有的防備。

光明正大的偷偷摸摸

山葉的鋼琴特別好聽？

1887年創立的山葉株式會社，是目前日本最大的樂器生產商。從1887年山葉寅楠修好的第一台風琴開始，山葉生產的樂器遍及鋼琴、電子琴、數碼琴、管樂器、弦樂器、敲擊樂器……等，幾乎只要哪兒和音樂相關，那裡就是他的王國領地。

但如此龐大規模的音樂產業又是從何處開始發芽茁壯，又是透過什麼樣的契機讓他奠定了厚實的基礎呢？

這要從1950年第四任總裁川上源一接手山葉集團開始說起。

川上源一是個商業奇才，如果你知道他正是山葉機車（YAMAHA）的創辦人，那你就不得不佩服他的卓越眼光與實踐能力，從琴弦到引擎，兩塊相隔十萬里的企業版圖卻都乖乖地在他腳下臣服了。

1950年時三十八歲的川上源一從父親手上接下了會長一職，當時的他就認識到：雖然公司的產品在市場上佔有一席之地，但如果要稱霸市場，甚至在百年之後仍是世界第一，那麼就一定要從「教育顧客」著手。

1953年開始，川上源一開始密集的出國考察；到了1954年，川上源一投入了

20億日圓的鉅資在日本各地開辦了「山葉音樂學校」。此舉的目的是希望能夠讓更多的人親近音樂，不論是三歲幼兒班還是媽媽教室，幾乎所有的人都能夠在山葉音樂教室中找到對音樂的興趣。透過完整的音樂教學體制以及考試制度，讓音樂不但能深入一般大眾，還更進一步的成為一門專業而精深的學問。

山葉音樂學校的開辦，讓音樂知識在日本大幅的擴展開來。這主要也是因為在1945年的二次大戰後經濟逐漸復甦，到了1950年代開始人們對娛樂休閒產業的高度依賴所致。趁著這股風潮，日本舉國似乎做起了一場「音樂之夢」，當時日本國民的鋼琴持有率甚至高居了世界之冠。

而川上源一此舉難道只是單純的想推廣音樂？甚至傻到為他人作嫁而便宜了全國的樂器製造商嗎？

當然不是啦！

山葉音樂教室確實是在執行著「文化教育」的推廣，課程中也不會有老師蠢到為山葉樂器大打廣告——那可是會砸了山葉教室的專業形象與文化格調呢！但前來上課的學員無疑正是購買樂器的主力客群，只要轉手把學員名單交到山葉樂器業務們的手上，那不正是到了手的肥羊，還跑得掉嗎？

另外，不同的公司在樂器製作上總是有規格、性質、音色的些微不同，從開始就在山葉受教育的學員們，在課堂上習慣了山葉公司的樂器後，自然很容易就成為忠實客戶而無法再重新適應別家的產品了。

川上源一這手明修棧道，不但讓全國百姓一起做了場美夢。甚至連競爭對手都傻呼呼地拍手叫好，還以為是得了個現成便宜；但等到夢醒時分，才驚覺原來人人都著了他的道，透過山葉音樂教室的「顧客教育」，著實地讓每一個學員都成為了山葉樂器最堅實地擁護者。而隨著 1966 年山葉音樂振興會的創立，山葉集團把種子散落到了世界各地，眾多的音樂比賽以及教室的成立讓山葉集團擁有了對音樂的強大詮釋權，也成為了如今世界第一樂器品牌最強而有力的後盾。

保險爺爺——吳家錄

2012 年 1 月 24 日，新光金控副董事長吳家錄與世長辭，享年八十五歲。說起吳家錄，或許還有人不知道他是誰，但你如果來過台北，到過台北車站，那你一定知道「新光摩天大樓」——這棟大樓正是出於他的建議由新光集團買下，當年一坪 8 萬的土地如今可是連翻了數十倍，其眼光之明晰可見一斑。

而新光摩天大樓的投資，卻還不是他最得意之作。其得意之處有三：第一，就是參與了新光人壽的創建；第二件，是於 1993 年以自己 1000 萬的退休金創辦了「吳家錄保險文教基金會」，並在德明財經科技大學、致理技術學院等校創立研究室，提攜後進；第三則是在 2011 年開發了兆豐農場，為花蓮創造了 2000 億的商機。

而這些豐功偉業的開始，都要從他認識新光集團的創辦人吳火獅說起。

1950 年代時，由於教育局規定的改變，在彰化國小當代課老師的吳家錄深憂前途茫茫，因此轉而到台北打拼。就在這時候，他認識了正開始起步創業的吳火獅。

當時經營紡織業的吳火獅發現，每年公司所繳納的產物保險都是一筆非常可觀的支出，這不正表示「保險業可真是門好生意」嗎？於是 1963 年，吳火獅拿了 1000 萬給一同打拼了十多年的吳家錄，要他這個保險業的門外漢想辦法創建如今的新光人壽和新光產物保險公司。

這份信任，以及不知道從哪兒來的信心，讓吳家錄又驚又喜的接下了這份艱難的工作。但萬事起頭難，何況當時新光起步又慢，市場早就讓八大保險公司分食的差不多了。除了讓壽險的業務到處去「拜託」別人買單外，一時之間好像也沒什麼辦法。

吳家錄知道，由於自己實在是個門外漢，而公司內又缺乏相關的專門人才，也因此從保單的研擬上就已經失了先機，無法提出一份吸引人的保單；而向同行求助的結果，當然是吃了個閉門羹。無計可施之下，吳家錄不得不使出「暗渡陳倉」的奸詐步數，派出手下投到其他保險公司效力，用三年的時間搜羅八大保險公司的保單，最終幫新光保險集各家之所長創建出自己獨樹一格的風格。新的保單一推出，便以「最少的保費，最高的保障」為口號，扎扎實實的為新光人壽打開了全新的局面。

隨後，吳家錄認為台北市的人口雖眾，但知道保險重要性的人數也多，不少人早就買過了保險。與其和八大保險公司一樣全力打拼都市，不如深入農村開發新的處女地。

雖然如此，但農村之所以未能開發，不也就是鄉下地方的農民根本不了解投保的好處嗎？一開始的業務推展異常的辛苦，因為農民認為買保險就等於立遺囑，看到這些保險業務就好像看到煞星一樣避之惟恐不及。

於是，吳家錄又動起了腦子來：看來該好好的樹立一個「樣本」讓這些人長長見識才對。於是他開始派人下鄉去探知目標農村中是否有人已經得了不治之症，一旦探得了消息，就派保險專員送上免費的人壽保險；不久，當那人過世後，再以一副雪中送炭的老朋友模樣關懷備至的送上了保險金。

果然！這個「樣本保險」奏效了，新光保險在農民的心中留下深刻的印象，新光的保險業務從死神變成了天使，農民看到他們就好像找到了老朋友一樣，不再猶豫的買下保險。而這招「明修棧道，暗渡陳倉」也是要的極為漂亮——照常理來說，保險業務是不可能明知對方有病在身還同意簽下保單的，說穿了也只不過是個「修棧道」的幌子罷了；透過這樣的「噱頭」，卻實實在在的教育了農民們保險的好處，為公司的業務再次展開了全新可能。

就這樣，號稱新光之寶的吳家錄為新光集團奠定了最扎實的基礎，打下了日後1.7兆元的保險王國。而他多年來為保險產業的貢獻，例如：成立人壽保險業務發展委員會、編製壽險統一會計制度與壽險業經驗生命表、成立壽險業安定基金等，為台灣保險業建立了發展基礎，也為他換來了「保險爺爺」這樣一句既親暱又感激的尊稱。

永遠的快樂天堂——迪士尼世界

1923年成立的迪士尼公司事實上一直與世界博覽會有著一種難以言喻的特殊關係。

1933年的芝加哥博覽會上，當時剛拍過一兩部電影的米老鼠受到主辦單位的邀請，獲得了一個小小的攤位來展示他的可愛模樣。沒想到這個小小的攤位卻成為了全館區最受歡迎的地方，華特．迪士尼一時間手足無措，準備的米老鼠模型根本不足以供應來自世界各地遊客們的需求。

原來，當時正值世界經濟危機，米老鼠的逗趣模樣著實溫暖了不少人的心靈。而這次博覽會的大出鋒頭更讓電影迅速走紅，就連當時的羅斯福總統都下令在白宮播放米老鼠的電影，希望能將這股歡樂傳遞給所有的百姓，期待他們再度重拾笑靨。

隨著這次契機的發展，高飛狗、唐老鴨等迪士尼當家要角逐一出現，《白雪公主》更是叫好叫座；迪士尼的根基穩固了起來。1955 年首開先例的創建了加州「迪士尼樂園」——這是當時世界上第一個大型的主題樂園。

隨著主題樂園的創設，迪士尼的「幻想工程」技術獲得大幅度的提升，而迪士尼在美國的事業也達到了一個高峰。但好，還要更好！1960 年時，華特得到了一個消息，他這麼告訴了他的員工：「1964 年紐約將會舉行一個盛大的博覽會，世界各地的所有知名企業都會前往那兒投下鉅資。他們或許不知道為什麼要這麼做，但既然別人都這麼做了，那他們就不得不跟著作。這，是我們再創顛峰的機會。」

的確，這又是一次絕佳的機會，成功的展覽無疑是將自己推銷到了世界的面前。而且當時沒有多少公司擁有像迪士尼這種「大型展場」的成功經驗，因此如果能夠與透過與這些廠商一同合作，無疑也是替自己大打宣傳。

於是，迪士尼成功的獲得了伊利諾州館區，以及福特汽車、奇異、和百事可樂這三家大廠的合作機會。

為了替福特汽車創造適合他們的展場，迪士尼的幻想工程技術人員前往參觀他們的生產線，當他們坐著車子，悠哉的跟著生產線慢慢地看到汽車的製造過程──從一堆鐵塊、金屬溶液、到最後成為一台閃亮的拉風跑車，他們覺得真的是太神奇了！於是，他們把這樣的過程轉化為「神祕大道」，讓人們舒服的坐在福特最新款的車子上看著一百二十七幅有聲動畫。從世界誕生到恐龍滅絕，從猿人時代到人類登陸月球，這種有趣的體驗不但為當時的福特汽車館場帶來了大量的人潮，也被迪士尼吸收了這次的經驗成為日後鬼屋、太空山的創意鼻祖。

而迪士尼為奇異建造的是一個「神奇戲院」，以一個環形舞台圍繞著觀眾旋轉，上面用最新的機器人技術上演著人類演進的過程；至於為伊利諾州所建造的則是一座「總統大廳」，用維妙維肖的機器人模擬了林肯總統的蓋茲堡演講。

至於百事可樂，由於它與聯合國兒童基金會合作，因此風格設計上迪士尼更是得心應手。百事可樂的展場是「兒童世界」，透過一個超大的帳棚以及眾多隨風飄蕩的玩具娃娃，表現出世界一家的概念，玩具娃娃們唱著迪士尼特別請人編寫的《小小世界》，成為了獻給全世界兒童的經典曲目。

這次的合作，無疑是成功的。迪士尼吸引到了全世界各地的目光：「神祕大道」和「神奇戲院」被評選為最吸引遊客的地方；「總統大廳」被選為最受歡迎的地方；而「兒童世界」更被譽為最美妙的地方。

這是迪士尼的又一次成功。雖然他不是這些展場的主人，但「偷渡」其上也讓迪士尼的名聲遠揚海外。而且華特・迪士尼的目標可不僅僅止於表面上的聲名大噪！除了這次的實習經驗，提供了躍升其幻想工程技術的機會；另外，當初談定合作條件時，展場的建置雖然由雙方共同承擔，但世界博覽會結束後後，這些展示舞台可都是要搬到迪士尼樂園裡展出的！這手高明的「暗渡陳倉」，一次為迪士尼帶來了三項龐大的利益，替未來的數年鋪上了一條黃金大道。

同樣的手法，在2010年的上海世界博覽會又再重現了，這次迪士尼成為了美國館的贊助商。想當然耳，我們都知道這次迪士尼將會再度善用「暗渡陳倉」的智謀，再次創下另一番盛大的光景。或許這也將成為未來在上海佈局迪士尼樂園最重要的一步棋子呢。

九、鷸蚌相爭，老子得利：隔岸觀火

不見血的兩顆人頭

──《三國志．袁紹傳》──

東漢獻帝建安五年（西元 200 年）。

曹操與袁紹在今河南一帶展開大戰，成就了史上著名的「官渡之戰」。曹操於此役中大敗袁紹，奠定了他在中國北方的地位。建安七年，袁紹因失意而病死，兩個兒子袁熙、袁尚不但看不清天下局勢，還白目地爭奪起老爸的位子，河北為此又陷入了一片混亂。曹操抓準了機會，再度兵進河北，打算一鼓作氣吃掉所有袁氏的勢力。

白目兄弟一看，哇咧，事情大條了！當下只好手牽著手去投靠位在中國東北的胡族烏桓。可惜這兩個倒楣鬼真可說是楣星高照，烏桓一族非但保護不了他們，還因此被曹操的鐵蹄蹂躪，自此烏桓一族的地位沒落而被鮮卑族取代。

倒楣鬼兄弟害慘了烏桓後，不得不去找下一個倒楣鬼投靠，這次選上的是遼東太守公孫康。

曹操的手下一聽到這個消息，各個摩拳擦掌的想要火踏遼東，揍扁公孫康，一口氣連遼東也要吃了下來。

但曹操可不是這樣想，他哈哈大笑兩聲後，留下一抹神祕的微笑後立刻班師回轉許昌，只命人持續留意遼東情勢。眾人這下可不解了，眼下不正是把袁家一網打盡的時候，怎麼就這麼回去了？莫不成曹操怕了孫袁聯兵嗎？

謎題尚未解開，不料幾日後公孫康就派了使者來見曹操。一時之間眾將心中千思百結，人人都好奇這下子會發生什麼事呢！只見大帳中，公孫使者畢恭畢敬的呈上一個錦盒。打開一看，嚇！這不正是袁家那兩個傻子的人頭嗎！

原來，公孫康與袁氏本就明爭暗奪、關係不睦，如今袁家二傻投奔遼東本就已是萬不得已之計。如果當時曹軍兵進遼東，那麼無異於是自己拿著刀子逼公孫家和袁家握手言和；而曹軍在與烏桓戰後多少有些氣衰，即便在遼東一戰獲勝，也還得面對其他虎視眈眈的敵人，實也不是什麼聰明作法。如今曹操回師許昌，少了曹軍這個立即威脅，公孫康當然就會趁機向袁家算舊帳，砍個便宜腦袋還能向曹軍示好，何樂而不為呢？

「隔岸觀火」正是如曹操這樣，故意坐在遠處看別人燒的烽火連天，自己最後再來討個輕鬆便宜。正所謂鷸蚌相爭老子得利，要懂得退一步的藝術才能讓自己取得最後的利益。

烤肉的人往往吃的最少

你有過這種經驗嗎？

每次烤肉的時候，負責烤肉的人總是會弄的滿身燒肉臭味、還被火烤的臉紅脖子粗，可是他呀，卻往往吃不了多少東西；反觀旁邊那些伸手牌的，各個玩得好、吃得飽，氣都氣死人了！

其實，這就是「隔岸觀火」的真義，在商場之中要做那些伸手牌的聰明人，可不要當那個親下火海的烤肉笨蛋。

隔岸觀火，有兩個先決條件：一，是要有火可觀；二，是要有岸可靠。

在這邊的火，指的既可以是眾人爭利的對象，但也可以是敵方內部出現的矛盾。當市場上出現商機的時候，必定會成為商家必爭之地，這個時候如果一窩蜂的和眾人搶機入市，往往只會弄得自己火燒屁股成為大公司的墊腳石；相反地，如果能夠退一步來等候眾人自相殘殺，冷眼找出真正的可圖之利，那麼保留的實力必將成為最後的致勝關鍵。於是，我們可以從這邊推衍出一個「不戰」的觀念：沒有勝利的把握最好不戰；明知會慘勝的競爭不如不戰。這是經營決策者必須學會的結果預判，在投身市場競爭之前就必須做出的正確決定。否則，等到火燒上了身，這時才想抽身往往已經太遲了。

至於敵方內部的矛盾，往往是可遇而不可求。但經營者卻還是有他必須做的功課：首先，要善於挖掘敵人內部的矛盾；次者，要適時的激化對方的矛盾，讓他自我牽制或是因失衡而露出破綻；最後，則是要看準時機，讓被自我矛盾拖垮的對手一招斃命。這邊最需注意的，正是要耐得住、藏得好，不要讓對手發現外在競爭者的存在。否則外在的競爭往往會緩和了內部的矛盾，終將讓先前的努力白忙一場。

而這種「後發制人」，往往藏著一個致命的缺點——進入障礙。由於晚了別人一步進入市場，先行者通常已經形成了規模經濟，在制度與物流上形成了實質的阻礙；又或者是消費者已經有了品牌的消費習慣，在無形的層面上降低了市場的自由競爭性。因此，要了解到「隔岸觀火必先有岸可觀」，唯有自身預先留有了市場價值時，隔岸觀火才能發揮最大的功效。在別人打得漫天戰火之時，聰明人就要細水長流的穩扎穩打，以生存為第一優先；如此，當等到眾人無力再戰時，那就是時機成熟之刻了！

翹著腳等收錢

奧運也要民營化？

從 1896 年開始，每四年一次的奧林匹克運動會一向都是世人眼光的焦點，他不僅僅是展示國力的契機，更可以說是一個絕對的金庫，好似可以從中源源不絕的挖出各式各樣的商機，成為企業們爭相尋求廣告露出機會的舞台。

但是你知道，奧運一度曾成為各個國家避之惟恐不及的燙手山芋嗎？

1984 年的奧運，正是處在這麼一個尷尬的狀況上。正由於奧運的「世界級」水準，它花起錢來字也是世界級的！1980 年的莫斯科奧運，總共害蘇俄砸了 90 億美元的天價，創下奧運史上的第一名；1976 年在加拿大舉辦的蒙特婁奧運，更害市政府花了三十年才還清了高達 24 億元的債款。

奧運的花錢已經是有目共睹了，到了 1984 年，除了美國的洛杉磯之外，根本沒有人敢去申請奧運的主辦權。而洛杉磯呢？即便是美國的第二大城，但拿到了奧運主辦權也不得不讓他們叫苦連天；尤其是加州政府看到了加拿大和蘇俄的前車之鑑，早就規定奧運主辦單位：納稅人的錢，一毛都不准用。

這下好了，沒有錢，那奧運還要怎麼辦下去？

這時候，一個原本默默無名的商業奇才就此從亂世而生。彼得．尤伯羅斯（Peter Ueberroth）原本是北美第二大旅遊公司的老闆，因為他精通全球事務以及善於大型公司的組織管理的背景，於是被請來擔任奧運組委會主席，幫忙收拾這個爛攤子。

屋漏偏逢連夜雨、行船最怕頂頭風，彼得甫一接手就遇到了一個大問題——沒有辦公室！

由於所有的人都知道奧運絕對會是個吃錢的怪獸，根本沒有房東願意租房子給他；原本的房東甚至直接把門鎖上，不讓這些討厭鬼進門去找麻煩。最後還是彼得自己拿錢出來解決了這個問題。

眼看所有人都不看好這場奧運，彼得卻是信心滿滿，甚至誇下海口：「我要一個人承辦這次奧運，不僅不要政府贊助，而且還要淨賺二億美元。」這句話在當時可是引來眾人的一陣訕笑，直覺就是：他被逼瘋了！

那麼，彼得最後到底是怎麼解決這個難解的局呢？其實很簡單，他只稍稍的用了那麼點「隔岸觀火」之計，所有的問題立刻迎刃而解。

首先，他發現到：即使奧運是這麼一個顧人怨的怪獸，但是對於世界觀眾、對於贊助廠商來說，卻仍然是個金光耀眼的明亮招牌。這點，從來申請贊助的企業仍舊高達一萬二千家就可以看出端倪了。

既然這樣，油水自然得從這邊撈起。原本，上一屆莫斯科奧運的贊助廠商，經過汰選後還有三百八十一家；如果沿用這種方式，很顯然只會落得跟莫斯科一樣賠錢收場。反過來想，既然奧運是塊金招牌，那麼廠商們是非搶不可的！與其從大大小小的廠商中平均的撈那麼一點油水，不如只留下最強勁的對手來捉對廝殺，如此才能迸出最燦爛的火花！

於是，彼得宣布：奧運贊助廠商將僅限三十家，每家企業投資底價 400 萬美元。這不就跟拍賣一樣精采嗎？！於是贊助的競爭登時成了百大企業的龍爭虎鬥：日產、福特、和通用汽車彼此殺了個你死我活；可口可樂花了 860 萬美元擠走百事可樂；富士以 700 美元的代價踢走了柯達這個本土企業；ABC 廣播公司最後撒下了 2.25 億的鈔票才搶到了奧運轉播權……。

彼得的策略果然奏效了，隔岸觀火的結果，讓奧委會把 2.5 億元輕鬆入袋，扭轉了「賠錢奧運」的可悲命運。自此，民間籌辦奧運會的商業模式就此確立，再也沒人敢說奧運是個賠錢貨；國際奧委會為了感謝他再造了奧運盛會，特地頒發了奧林匹克金質勳章給他，更有人尊稱他一聲「奧林匹克商業之父」。

2008 年北京奧運籌備之際，曾有人跑去詢問這位商業之父的意見。當時他認為，北京奧委會各方面都已經很完善了，大抵上沒什麼問題，唯一的問題就是：「贊助商，十二家到十六家也就夠了。」如此看來，隔岸觀火可說是商場上絕不過時的壓箱絕活啊！

兩匹馬也撕不破——牛仔褲的發明者Levi

每個人心裡是不是有一座斷背山？這個沒人敢肯定；但我敢打包票，每個人的衣櫥裡一定有一件牛仔褲！

如今風靡全球，幾乎是每個人衣著必備品的牛仔褲，當初是在什麼樣的機緣下被發明的呢？你可別真的以為他是牛仔發明的工作褲呢。

1950年代的加州掏金熱潮，舊金山一夕之間湧入了大批追夢的年輕人，就連遠在德國的李維（Levi Strauss）也來到了舊金山，想要一圓發財夢。

不過20多歲的李維一來到舊金山，就發現自己已經來的太晚了，街上到處搭滿了帳棚，裡頭擠滿了成群的掏金工人。看來，要跟這些人一起搶金子似乎不是件有效率的事情。

這時候他猶太人的血統可飛快的運轉了起來：既然搶不贏他們，那麼我就從這些人身上賺一筆吧！於是他在街上開起了一間日用品小店，賣些常用的百貨以及搭帳棚的帆布。

策略正確，大部分的東西很快都銷售一空了，他從中可以說是小賺了一筆。但問題是那些搭帳棚的帆布卻始終躺在倉庫之中無人聞問，因為這要算是一次性的消費商品，沒有人會浪費時間去搭兩個帳棚啊。

這下可好了，該拿這些佔空間的帆布怎麼辦呢？好像也只能見一個人拉一筆生意了。就在某次的推銷中，淘金客這麼說道：「帳棚？我不需要。不過我反倒需要多幾條褲子，你有嗎？」

李維馬上堆著笑臉說：「褲子當然是有的呀。」還順口客套了幾句，「不過您是在礦坑工作的吧，我們這兒也有些款式可以選擇。」

那個客人聽到就爽朗的大笑道：「我哪需要什麼款式啊，這些褲子穿不了多久就會破啦。」他摸了摸褲子磨損的地方繼續說道，「我們這種工作可累死人啦，每天挖呀挖的，石頭、砂土隨便磨一磨就破的差不多了，一條新褲子我們可穿不到幾天，我看你乾脆專門賣褲子給我們好了。」

這句話，還真是當頭一棒，一下就敲醒了李維的聰明腦袋：賣褲子！這倒是個好生意。而且我還可以用帆布來做褲子，不但比一般的棉褲耐磨，還可以幫我消庫存呢！

就這樣，1853年，史上第一條牛仔褲誕生了。

這種耐磨的褲子一推出，馬上受到西部淘金客和牛仔的喜愛，李維原本的百貨店也不做了，專心的賣起了他的褲子，邁出了 Levi's 品牌的第一步。

褲子雖然熱銷，訂單接到手軟。但殺頭的生意有人做，何況是像他這種簡單地把帆布變成褲子的便宜生意。於是慢慢的也出現了跟風模仿的生意人。

李維知道，與其和這些人展開激烈的市場爭奪或削價競爭，不如想辦法改進自己的牛仔褲發明，讓它成為獨一無二的唯一產品——他要創造出兩匹馬合力拉扯都弄不破的超級牛仔褲！

於是，他引進了法國的新發明，一種叫做尼姆靛藍斜紋棉的布料，這種布料兼具了耐磨以及柔軟的特性，可以改善帆布褲子的粗硬觸感和樣式肥厚單調的問題。於是，靛藍色的貼身牛仔褲出現了，柔軟和緊身的雙重改善讓淘金客和牛仔們的動作更為瀟灑俐落，從此這也成為了日後牛仔褲的基本款式。

但這樣還不夠，為了讓牛仔褲更與眾不同、更貼合工作人的需求，他又發明了用黃銅鉚釘固定褲帶上方兩角縫合處的設計，並取得專利。如此一來，當淘金客們把挖到的石塊往口袋裡塞時，就再也不會輕易的從縫線裂開了。

兩個創新的發明，讓 Levi's 的牛仔褲在 1872 年奠定了往後百年的基礎，他的獨一無二讓他在商場中殺出一條王者之路。

經過了百年時間的演變，牛仔褲已經普及成了一種時尚。1976 年美國二百年國慶之際，美國人將牛仔褲作為對人類服飾文化的貢獻送進了邁阿密的國家博物館，載入了史冊。但光輝的背後，卻是牛仔褲產業的危機到來。

1950 年代左右，由於二次世界戰後的嬰兒潮，造成了大量年輕人的購買市場，牛仔褲的需求數量極速膨脹，養出了一批巨大的牛仔褲供應商；但到了 1970 年代末，隨著這批年輕人的老化，凸肚子大屁股，他們再也塞不進這些緊身的牛仔褲了。於是不少牛仔褲廠商倒閉了，其他沒倒的，則紛紛賣起了副產品：帽子、滑雪裝、跑步裝、女用短褲和孕婦裝……等。而老牌子 Levi's 則沒有學到他老祖宗李維的「隔岸觀火」絕技，也傻傻的跟著賣起了其他產品。

於是，這下它可要付出代價了。光 1984 年一年的利潤，就下降了 79%，當時公司沒有倒閉可以說是奇蹟了。

經過這次教訓，Levi's 學乖了。重新拿出李維爺爺的隔岸觀火絕技，忍痛地一次把所有多餘業務全部賣掉，專心的回到自己的老本行「牛仔褲」上面全力經營，好好的靠岸休息了起來。

退一步觀察後，它們發現：牛仔褲的市場雖然已經沒有先前那麼龐大，但由於各家廠商都轉作其他生意以度小月，牛仔褲的市場結構反而顯得鬆散，正是全力反攻的良機。不久，Levi's 一次推出了兩種不同風格的褲子：一種，是經典的 501 復刻牛仔褲；

另一種，則是從牛仔褲的概念演化而成的Dockers系列卡其褲。

一時間，Levi's又成了服飾界的耀眼招牌。經典回來了，501牛仔褲讓市面上吹起了復古風，而新引入的磨洗技術和彩色牛仔褲都讓新一輩的年輕人也躍躍欲試；至於Dockers卡其褲則是另一種新的嘗試。由於牛仔褲耐磨的特性早已非現代人所需，俐落的剪裁與方便性才是牛仔褲歷久彌新的關鍵。Dockers卡其褲延伸了牛仔褲的剪裁特性，並使用棉料材質製作，彈性舒適的布料讓那些身材變形的人們也能穿得下。

Levi's再次成功了，成為了如今風彌全球的知名品牌。兩次的隔岸觀火，都讓它冷靜思考出市場的關鍵需求。從Levi's的成功與失敗中，我們可以看到三個要點：一者，切忌跟風；二者，要守好自己的優勢之「岸」，這樣在局勢不利的狀況下至少還有重新出發的本錢；最後，「好，還要更好」。商場之中只要有利可圖就必定有人跟進，唯有不斷的創新，才能避開與眾人爭利的危險情境。

電子王國的黃紅大戰——燦坤VS全國

先前雖然講了許多商場上的成功案例，但這些經典，都是透過了時間的沈澱才讓現在的我們得以分析其微笑背後的致勝關鍵。這一次，就先讓我們把眼光收的近一點，先就著眼前的事例來看看吧！

身在台灣這個電子王國，每個人的家中都必定有一兩個 3C 產品，身上多少都會有個一支手機。3C 產品隨著科技的日新月異，有著高價以及高汰換率的特性，對於商家來說正是一個龐大的金脈，也可說是一個兵家必爭之地。

3C 賣場的源頭，或許可以追溯到 1990 年前後的「光華商場」說起。在台灣資訊產業起飛後，原本為音響與電子零件集散地的光華商場，搖身一變成了東區最大的 IT 商圈。五百餘坪的空間裡面匯聚了各式各樣的電子產品，從光碟、滑鼠、電腦零組件、到整台組好的電腦，這邊是 3C 產品的購物天堂，你可以任意比價、殺價，也絕對可以滿足所有的需求。

這樣的商機，自然很快的就在商場上點燃了一把火，燦坤、NOVA、順發相繼出現，人人都想分一杯羹。這些賣場的出現，都擺脫了光華商場單純的「包租婆」模式，而改由「品牌」的方式來經營；為了減少賣場中眾家經銷商龍蛇雜處的困擾，NOVA 祭出了百貨商場的管理形式，藉由過濾廠商來提升自己的品牌水準；而燦坤、順發就更直接了，它們乾脆自己做起了經銷商。

於是兩種不同的經營模式出現了。一種是聚集經濟型的 NOVA，商場本身沒有定價能力，人們來到這邊可以尋求最多樣化的產品和找便宜的機會；另一個則是規模經濟形式的燦坤和順發，雖然這邊的窗口單一、選擇也較少，但卻省了東挑西撿的功夫。稍微貴個幾百一千卻能買到方便，面對令人眼花撩亂的 3C 產品來說自是較符合一般大眾的胃口。

於是燦坤和順發就此紅了起來。由於上下一條線，免去了招商的困擾，所有賺得錢更是直接落入了自己的荷包，這使得它們開始大量的擴展分店。不過正所謂一山不容二虎，這麼大好的「錢景」怎容得別人來分食呢！因此較為年長的燦坤開始手癢了起來，2002 年時命人買下順發的股票再惡意以低價大量拋售，企圖降低順發的資產價值而降低其競爭力。

這個手法雖然惡劣，但的確也奏效了！燦坤本就有其先佔優勢，以 2002 年 4 月來看，當時燦坤已經有 87 家分店，而從南部起家的順發卻只有 15 家分店；再說到資本額方面，更是 12 億比 2 億多的明顯差距。外強中乾的順發，雖然不論在地段或是價格上都和燦坤打的火熱，但中了燦坤的招後就再也無法與之競爭了。

當然燦坤也討不了好去，2005 年燦坤董事長為此吃上了牢飯。兩方在火中大戰，誰都沒討到便宜。

而利益之火當然也不會只燒了這兩家。順發被擊退不久，原本搞家電賣場賺飽飽的全國電子卻也把腳伸了進來；燦坤不甘示弱，很快的也把手伸進了家電領域。

2004年，全國推出了「買貴退差價」活動；2005年燦坤就推「全民查價團」，以買貴退兩倍差價的方式和全國電子明擺著打起了價格戰。接著兩方越打越兇，燦坤一下子是會員封館招待會、一下子是維修八折以及到府服務；全國則是丟出了年終破盤大特賣、小家電終身保固等方案，最後更搶先推出了十二期零利率的搶錢花招。

於是燦坤的黃色招牌和全國的紅色招牌，每天都在報紙廣告上大打出手，全國電子要「殺暴小黃」，另一個就回應「要比，比到底」。價格競爭到最後甚至削至見骨，連供應商都得祭出斷貨手腕來對它們提出警告。

而這樣的競價過程，消費者卻也沒賺到什麼好處。由於產品價格被過分的壓低，人事、物流成本就不得不跟著降低以避免公司的經營虧本。這造成了維修水準以及客服素質的不穩，最後嚇跑了部分的客源。

3C兩大龍頭的火拼，造成了捲入風暴、參與競價的小通路商紛紛倒閉，而那些隔岸觀火的NOVA、彩虹3C等聚集經濟型態的資訊廣場，藉由不同的經營模式反倒屹立不搖。同樣的，隨著網路的發達，聚集經濟的效應也延伸到了Yahoo、PChome等網路商場，這種新型態的通路不僅保留了競價的空間，更沒有城鄉差距所造成的招商問題，而偷懶的人更可以直接購買網路商場所推出的推薦商品。傳統通路，很明顯地遇到了最強勁的對手。

這場大戰仍然方興未艾，兩大龍頭至今仍仗著雄厚的資本以及規模經濟的優勢強佔市場。以 2011 年的 EPS（每股盈餘）來看，不論是燦坤的 6.43 還是全國的 5.51，都代表著這場黃紅大火或許還會燒得更旺。就讓我們拭目以待，看是誰稍勝半籌；又或者到了最後，反倒讓隔岸觀火的網路賣場通通吃了去也未可知呢！

十、甜死人的蜜糖：笑裡藏刀

伴君如伴虎

——《舊唐書．列傳第三十二．許敬宗、李義府》——

「義府貌狀溫恭，與人語必嬉怡微笑，而褊忌陰賊。既處權要，欲人附己，微忤意者，輒加傾陷。故時人言義府笑中有刀，又以其柔而害物，亦謂之『李貓』。」

「笑裡藏刀」的淵源，是來自於唐高宗時期的李義府此人。這人啊，據說是高宗時代的大奸臣，由於和許敬宗兩人力排眾議，贊成高宗廢王皇后改立武昭儀，因此得到了高宗的寵信；不但聽信其言將反對的大臣長孫無忌、褚遂良、韓瑗等一干忠臣流放，一時之間更是位傾朝野，兩度為相。

李義府的竄起，憑的是一嘴見風轉舵逢迎拍馬的蜜糖之口，既知高宗心中屬意的是武則天，那怎麼還會蠢到自拔虎鬚呢？何況武氏都已經出手指控王皇后偷用巫蠱之術，大犯宮闈之忌了，那還能不把握機會好好巴結一下高宗和武氏嗎？

於是，他成功了。但他的成功，卻同時也是高宗的成功。這場內鬥的背後，其實真正微笑的卻是高宗；李義府終究只是個操線傀儡，徒為高宗大背黑鍋罷了。

這話是怎麼說得呢？且讓我們看下去。

顯慶元年（西元656年），進爵為侯的李義府在朝中呼風喚雨，好不得意。這年他碰巧知道在獄中有個犯婦淳于氏頗有姿色，於是命令獄官偷偷放人，將她收做了小老婆。不料做事半調子的李義府卻忘了跟上頭的人打招呼，事情馬上出了紕漏，連中央都開始插手調查這起逃犯事件。這下李義府可急了，只好私底下派人逼死了幫他放人的獄官滅口。

這下事情又更大條了，不但犯人逃了，更死了個官兒。御史王義方當下就上書彈劾這個無法無天的李義府。眾人到了皇帝老兒的面前吵起嘴來，一個是仗義執言、另一個則認為有皇帝和武皇后做靠山，怕啥？

而高宗呢？高宗心下當然對這個蠢老李頗為不滿，但又實在需要這個小人幫自己剷除其他礙眼勢力，不過眼下事情鬧得這麼大，總要讓老李受點教訓才行。於是高宗當下不動聲色，先讓李義府退在一旁；王御史見狀，一時間還以為皇帝是站在真理這邊的，當下肆無忌憚的狠狠臭罵起這個李混蛋；殊不料，高宗也只不過是要借他的口教訓一下老李罷了。等王御史罵完，自己卻吃上了「對大臣不敬」的莫虛有罪名，下放萊州。李義府則繼續在宮廷裡頭吃香喝辣，當皇帝的跑腿。

當然，高宗皇帝留下了他，自然也不是白費心。不久後，高宗藉由李小人之手，大大的壓制了當朝貴族一番；透過李義府昌議的「禁止貴族彼此通婚」手段，更加保障了中央權力的穩固。

事情做完了，老李自然就沒了利用價值。顯慶三年，當時任職中書令的李義府因為職掌選官大權，這種小人當然不會放過這個賣官斂財、選人唯親的大好機會了。高宗知道後，私下和顏悅色告訴老李道：「愛卿啊，我常聽到有人說你的兒子、女婿仗著高官胡作非為，更有人說你賣官求財。這些我都幫你掩蓋下來了，但你自己可要戒之慎之啊。」

一向白目的李義府這時候還不知道高宗早就變心了，當下直言：「是誰向陛下告的狀？」卻只聽高宗淡淡說道：「你只要知道我說了什麼，何必在乎是誰跟我說的呢？」白目老李看皇帝這麼溫和的勸告自己，還以為皇上仍當自己是個寶，當下刻意甩頭離去想要給皇上一個難看。

老李想都沒想到，最後難看的卻是自己……。龍朔三年（西元663年），李義府因為迷信風水，整天跟著命理師登高望氣；隨後更為了籌措大筆的積善財來改運，變本加厲的大賣官位。這下可讓高宗抓到了把柄，立刻以「窺視天象意圖謀反」、以及「賣官」兩大罪名將他流放邊疆。

從這個故事中可以看到，「笑裡藏刀」的妙用可以用在兩個方面：一個是逢迎拍馬、借勢而起；一個是表面微笑、背後操刀。兩者之間沒有孰好孰壞，但最忌諱的便是得意忘形；如果連自己都被表面的微笑給蒙蔽而失了戒心，那麼李義府的例子可是歷歷在前呀。

嘴上兄弟手上刀

「笑裡藏刀」是一種表面溫和無害、內中卻暗藏殺機的取勝之道。和先前提到的「聲東擊西」、「圍魏救趙」、「瞞天過海」等商業謀略雖然同樣皆是避實擊虛之計，但卻有個決定性的不同。「笑裡藏刀」講究的是與對方拉近距離，以良好的關係麻痺對手，務求對方在無備之時露出最要害的破綻。

以對象而言，笑裡藏刀在商場上可以分為兩個面相：

一者，於商場對手之間的談判，笑裡藏刀往往是最常見的手法。雙方見面先是來個閒話家常、談笑風生，高明的談判者往往就實際面先吹捧對方一番，嘴上更是老兄、兄弟的叫個不停，幾分熱絡、三分熟稔，弄的對手往往也不好意思一下子就把話說死；即便仍有戒心，但卻讓談判中多了不少轉圜空間。這種拉近距離的作法，不只是一種單純「好來好去」的互相讓利，其真正的意義乃是在於降低彼此的距離隔閡，達到「同一陣線」的假象營造。當對手一旦有了「啊，他也是沒有辦法的啊，或許我也該考慮退一步」的想法時，那「笑裡藏刀」的功夫就可說是成功了。

再者，商場上最常應用的對象就是「客戶」。笑裡藏刀往往是與客戶建立良好關係中最為有效的工具：當你來到餐廳，一句歡迎光臨、一個微笑、幾句簡短的問候、一顆甜在心的糖果，相信這些都會是顧客往後再度光臨的依據；而在購物的行為中，顧客所感受到的，除了購物當下受到的待遇厚薄外，售後服務以及退換貨服務通常也是影響回客率以及品牌形象的評判標準；而適時的承認「錯誤」，能加深顧客對品牌誠信印象，藉由小部分的虧損來加強「友好」訊息的傳遞是企業常用手法之一。這種手法在網路購物通行的現在其實時有所聞，只要一有商家標錯了價，往往就能造成一股搶購熱潮並登上免費的新聞版面，你還相信真有那麼多笨手笨腳的員工會在價格上出錯嗎？

因此「顧客至上」才成為了不少企業遵行的大道理。這句話所隱含的，不僅僅只是「掏錢的是大爺」這麼簡單的概念而已；更深一層的，則是藉由良好的服務來取悅顧客，繼而達到收攏客源、以餌釣食的最終目的。俗話說「君子之交淡如水、小人之交甜如蜜」，在商場之上要點無傷大雅的小手段又有何不可？唯有透過「蜜」的黏著性，才能牢牢的抓住善變的客戶之心。

而這種與客戶的「親密關係」中，最惡劣的就是炒短線的「宰熟」作法。藉由實際的關係網絡，例如親戚朋友、鄰居同學之類的熟識基礎來取得信任，趁機在他們身上大揩油水。這還不打緊，有的甚至在出了問題後來個翻臉不認，推個一乾二淨。這種小人行徑一旦被傳佈開來，即便口蜜腹劍、緊黏不放，最終也只會落得人去財散的結果。

因此聰明的廠商必須用長期經營的眼光來形塑自己「親善」的形象，「幽默經營」正是不少企業用來包裝自己的手法。在社群網站如此發達的現在，透過研究那些成功經營的粉絲專頁後你會發現，其實那些廣告性質強的「官方消息」，往往只佔了訊息流的一半；每日發佈的訊息中，其實泰半以輕鬆逗趣的圖片、煽情感動的文案為主。透過這些訊息，觀閱者往往會很輕易的卸下心防，為這些內容按讚、並協助分享，達到波瀾式的擴散效果，最終實現了粉絲數量擴張與最大廣告效益的目的。

交友先於交易

談得來比較重要

講到相機，或許現在的年輕人第一個想到的是 SONY、Nikon、Canon、Panasonic 或 FUJIFILM 這些大牌的數位相機廠商，但如果時間推回個十多年，那麼當時候路上四處可見的柯達相館，或許標示的正是另一個相機的黃金年代。

2011 年開始，柯達陸陸續續的傳出了破產的風聲，最後甚至還申請了破產保護。不但公司高層紛紛求去，甚至從 2008 年開始就賤賣專利；即便將一百三十年累積下來的一萬多項專利逐一化成了白花花的銀子，但最後卻仍是阻止不了柯達走上這條絕路。

一切的起因，或許該和數位相機的崛起有關。雖然 1975 年，柯達發明了世界第一台的數位相機，但由於擔心繼續研發數位相機將會影響到公司本身的膠卷生意，因而遲遲未能全力轉型數位市場。不料 1998 年開始，數位相機的市場急遽增加，而相機膠卷的生意卻每年以 10% 左右的比例下降；到了 2002 年，當柯達想要往數位市場轉型時卻已經太遲。相較於另一個知名大廠富士的 60% 數位化比例，柯達卻只達到了 25%，很明顯是慢了一大步。

而同時市場上廉價和仿冒膠卷的殺之不絕，造成膠卷在競價上面的困難，對柯達來說無疑是雪上加霜。到了 2012 年，當柯達宣布將停產彩色正片後，無疑是夕陽工業的最後一瞥。當最後的戰場都無法保住時，更遑論再往數位領域發展了。

即便柯達最後走上了絕路，但我們也不能否認柯達當初崛起的燦爛。1888 年，柯達公司的創辦人喬治·伊士曼發明了感光式膠卷，以及第一台的可攜式照相機來搭配這種新型態的膠卷；從此打開了相機產業的新頁。

伊士曼主張，希望能夠與社會大眾一同分享這種相機的方便與喜悅，所以訂下 5 美元的超低價格，由此吸引了廣大的消費群眾；抱持著同樣的觀點，1963 年柯達公司研發出了自動傻瓜相機。當時的公司高層甚至宣布放棄專利，好讓各家公司參與製造以壓低相機價格。

這兩次的便宜大方送，不但讓柯達的名聲大噪，更讓柯達在民眾與廠商的心中留下了良好的品牌印象。殊不知，其實一切都只是柯達的預謀：透過大量相機的生產與持有，柯達膠卷的市場需求瞬間被拓展開來，感光膠卷這個專利獨有的消費性產品，事實上才是柯達公司最肥滋滋的金雞母啊！

而不只柯達公司懂得利用「笑裡藏刀」來賺大錢，伊士曼自己卻也曾中了別人這招。

是年，伊士曼正打算捐贈鉅款在紐約州的羅徹斯特建造音樂堂、紀念館、和一座劇院。不少裝潢、座椅等廠商一聽到這個消息，每個都躍躍欲試的想要搶下這筆超級生意。

但這些廠商和伊士曼談過後每個都敗興而歸，始終沒有一個商人談得下這筆生意；畢竟伊士曼也是老江湖了，哪會讓這筆巨大的開銷簡簡單單地就讓人賺走呢。

當時有個優美公司的經理亞當森，在聽聞了這個消息後，決定也要前往一試。

來到伊士曼的辦公室時，亞當森見他正埋首於文件中忙碌不休。亞當森沒有馬上打招呼，反而靜靜地觀察起整個辦公室的佈置與裝潢。

等伊士曼忙完後，一抬頭就直問：「有什麼事嗎？」

聽到他的語氣，聰明的亞當森當然沒有馬上說明來意，反而開口說道：「伊士曼先生請恕我失禮，剛剛在等待的時候我忍不住欣賞起您的辦公室，對於長期從事室內裝潢與木工事業的我來說，我可從來沒看過這麼精緻典雅的辦公室呀！」

伊士曼聽完，忍不住得意地笑著說：「我都快忘了呢，這辦公室可是我自己設計的。最近一忙，反而忘了當初剛設計好時的興奮與滿意。」

亞當森一邊聽著點頭，一邊隨手往牆上摸了摸說：「啊，難道這是英國橡木嗎？義大利產的質地可沒有這麼好。」伊士曼一聽，更是樂了，不禁炫耀道：「是啊，當初可是特地請朋友從英國訂來的！」

於是兩人越談越投契，把辦公室所有的裝潢都聊了個遍，從木頭到比例、從顏色到手藝、從設計過程到裝潢價格；從頭到尾亞當森十足是個完美聽眾，憑著自己的專業知識每每搔中伊士曼的癢處，最後惹得伊士曼忍不住邀請他到家裡吃飯。

到最後，伊士曼甚至當著亞當森這個行家的面前表演起木工技藝。而亞當森直到離去，也始終沒有提起當初來訪的意圖。

於是，兩人就此成為了莫逆之交，亞當森話都還沒說出口，伊士曼就主動把生意送上了門；「笑裡藏刀」再見奇功。

這裡我們可以很清楚的看到，笑裡藏刀的「刀」其實也未必是爭權奪利的殘酷手段，具體點來看，「刀」或許也可以解釋成一種對利益的最終追求；換言之，如果能夠透過「笑」而達到雙贏的局面，那或許可說是笑裡藏刀的最高境界。

人們要的很簡單——德國首富，阿爾迪（ALDI）

身在台灣的我們，或許會對「阿爾迪」這個名字感到陌生，但事實上它卻是德國最大的食品連鎖零售企業。

2010 年《富比士》世界富豪排行榜中，企業擁有人的兩兄弟卡爾．阿爾布萊希特與西奧．阿爾布萊希特分居第十與第三十一位，到了 2012 年，卡爾仍舊穩居第十位，更是絲毫無意讓出德國首富寶座。

阿爾迪最初是1913年創立於魯爾工業區的一家小食品店「艾瑪嬸嬸商店」，卡爾、西奧兄弟從媽媽手上接過，改名為由兩兄弟的姓氏 Albrecht 以及折扣的英文 Discount 所組和而成的 ALDI。

兩兄弟聯手努力下，先分別在北德與南德打下基礎，接著再擴展到丹麥、法國、荷蘭、比利時、盧森堡、英國、愛爾蘭、奧地利、澳大利亞和美國等地。四十年後，阿爾迪迅速擴展，德國國內連鎖店多達三千六百家、國外連鎖店約一千餘家，年營收達到340億美元，奠定了如今德國首富的地位。

阿爾迪成功的秘訣，其實很簡單——那就是「簡單」。

阿爾迪的精神標語是「誠信」；而實際的作法則是務求「簡單」。它們一開始就把主要的目標客群鎖定在中低收入的受薪階級、學生、打工族、以及退休的老人們，因此它們希望能用最低的價格販賣中等水準的產品，並以照顧弱勢與人本的思維邏輯讓這些人都能在方便、便宜的前提下獲得品質的保障。

為了達到這個目的，阿爾迪把據點大量的散落在市中心或小城鎮中以方便主力客群購買；同時，每間商店都大約在150—240坪，最大也不超過450坪，以此來降低營運成本。

而搭配較為狹小的空間，阿爾迪的賣場內不作裝潢、不打廣告，除了必要的貨架與冷藏架外，阿爾迪的商品並不特別設櫃而皆以貨運時的紙箱直接放著讓人選購。同時由於空間有限，商場內的貨品都是經過「差異經營」的方式汰選過，依照不同社區與地段的特性來選擇販賣，產品種類大約只有六百多種，相同的產品基本上只有一種品牌可供選擇。

再來，在人力的佈置上，為了節省不必要的人力浪費，阿爾迪賣場內的產品既不需要上架，也都不貼條碼！也因此，每個員工必須熟記六百多種產品的價格。而每家店的人員配置通常只有五人、收銀台只有三座，每個員工的價值被發揮到了極限。當然，相對於這樣的辛勞，阿爾迪不僅只是提出高薪工資而已，更把省下來的錢大量的投注到了員工訓練以及內部升遷的管道，藉此保障了服務品質以及人員流動的控管。

而在產品流的控制上，阿爾迪為了確保「低價消費，中等享受」的理想，藉由它龐大的市場網絡，通過全球採購以尋求價格最低廉的原產地貨源；同時由於它背後龐大的市場，因此各家廠商對於其合作案都是求之不得，透過由原廠自行吸收售後服務的成本，阿爾迪也會不定時的販賣一些中高價位的產品；另外，因為同類型的產品在阿爾迪的賣場上只會看到一個品牌，因此讓許多小型供應商對其有高度的依存關係，有的甚至就只做阿爾迪一家的生意。換句話說，阿爾迪握有非常大的選擇權，能用最嚴格的標準來為自身販賣的商品把關。

雖然阿爾迪採取了很多特別的作法，但從中我們不難看出，其最根本的原則就是基於「誠信」，又或者說，是一種以消費者的觀點為出發的思考方式。透過這種思考邏輯以及精密的成本運算，所有的作法就可以簡單化而大幅的縮減了成本。

例如，由於阿爾迪通常是不貼產品條碼的，完全憑靠員工記下所有產品的價格。而在某一段時間，人們發現到阿爾迪的員工好像總是在出錯，每次結算時好像都會少收了錢，有些好心的顧客甚至會自動提出並要補給商店，但員工往往都接受這樣的失誤而婉拒了這些好意。於是，這種情況很快的就被顧客傳了開來，到最後甚至變成了一種愉快的消費習慣，人們越來越喜歡到阿爾迪購物。

原來，這其實根本不是失誤！而是經過審慎的成本評估後所作出的行動。在此之前，西奧．阿爾布萊希特用碼錶多次的計算員工在找零時所花費的時間，結果證實：找零佔用了員工大量的時間；對於一人約需看顧 30 坪以上空間的阿爾迪商場來說，這是一種巨大的浪費。於是公司訂下了潛規則：只要尾數不是 0 或 5 的價格，以捨去的方式計價。也就是若為 1.57 馬克，就當成是 1.55；1.52 就算以 1.50。

這樣的作法算然單以貨品的成本來說，無疑是增加的；但對於公司整體來說卻大量減少了人事成本的浪費。同時這樣的作法也帶給顧客愉快的購物經驗，再度強化了阿爾迪親民的形象；也難怪在德國流傳著這麼一句話：「感謝上帝創造了阿爾迪。」

當一個企業能夠讓人們開開心心的掏出錢，還對它滿懷著感激之意。那無疑是一種最偉大的成功典範。

電腦裡跳出個服務員——Dell 的全球服務網絡

全球首屈一指的 IT 產品服務供應商，Dell，是由麥可．戴爾於 1984 年創立，其產品包含了電腦、伺服器、軟體、電腦周邊、HDTV、照相機、印表機、多媒體播放機等各式各樣的產品。雖然 Dell 的起步較晚，但透過其獨創的營銷管道迅速茁壯，2010 年《財星》將其列為全球五百大企業的第三十八位，更選其為全球第五大最受尊崇的企業。

Dell 獨特的營銷管道，就是業界首創的「直接商業模式」。透過網路與免費電話，Dell 藉由直接面對客戶減少了中間商的成本支出，並將這些直接回饋到消費者的商品價格中。

Dell 建立了一套強大的網路行銷模式。以往花費大量人力的服務專線、或是技術支援據點的方式，在這套模式中已不復見；取而代之的，是在網路平台上藉由圖文並茂的線上支援以解決客戶的問題並吸引客戶直接下單。

而 Dell 的網路商店也不像一般的拍賣網站那樣，只提供單一樣式的機款；Dell 的行銷通路是直接結合了設計、製作、以及配運服務的包套系統，讓客戶直接在網路上執行客製化的電腦配備下單，打造一台完全符合顧客需求的個人電腦。而 Dell 的用心不僅只在售貨的領域如此，在售後服務上也提供了到府服務的貼心選擇，讓消費者深深著迷於這種方便性以及原廠品質的保證。

這種完全貼近客戶的營運模式，正是「笑」之真義；透過網路消除的距離與隔閡，成為了 Dell 成功的決定性因素。

而這套全新的行銷概念自然引來了其他公司的眼紅，1999 年開始，康柏和 IBM 也相繼援用了這套網路直銷系統。但他們怎麼也沒想到，這套商務模式早就被 Dell 申請了專利！為此，Dell 又從中賺了一筆，往後每當其他廠商想要援引這套銷售模式時，都不得不向 Dell 付上一筆學費。

不過雖然這樣的銷售模式為 Dell 帶來了龐大的利益，但同樣也因網站系統的繁雜而帶來了危機。

2006 年 2 月時，Dell 曾經在部分的亞洲地區把筆電錯標成 123 美元，整整便宜了十倍！為此，Dell 大方的坦承錯誤，並以這樣的價格出貨給買家，從此贏得了寶貴的品牌形象。

2006 年 8 月時又發生了一次標錯價事件，這次 Dell 雖然未以標錯之價格出售，但仍將產品以八折價格出貨給買方。相較於其他大廠——如 Apple，於 2010 年標錯價格時直接私下修改訂單的作法，Dell 的作法很顯然地仍是大大加分。

兩次的標錯價格事件，雖然讓 Dell 付出了大筆的成本，但實際上卻是為 Dell 打了兩次漂亮的宣傳戰。如此親厚的形象讓你真的誤以為 Dell 是佛星來的了嗎？

切不可忘記「笑裡藏刀」，刀要藏在笑裡。不論外表如何陽光燦爛，廠商最終追求的還是利益之刃。

2009 年，Dell 在台灣短短幾天內連續發生了兩次標錯價格的事件：第一次是人為疏失、第二次則是系統造成的缺漏。其中尤以第一次的的問題最為嚴重，由於事情是發生在晚上，價格並沒有在第一時間得到修正；而消息在網路上迅速擴散開來，民眾立刻紛紛前往下標——這些人明知道價格標錯了卻還是刻意下單，圖的就是 Dell 先前良好的形象——雖然心知不可能真的買到超低價產品，但至少也可從中賺到一些折扣價差。

但令眾人意外的是，Dell 這次居然沒有緊急的應變措施！當然，這也和台灣這邊並沒有設置營運中心有關。但最主要的原因，則是 Dell 的大中華區事業部一直在評估該如何處理此事。

從幾個面相來評估：首先，台灣的個人市場（B2C）一直都不是Dell的主力客源，其真正與台灣密切往來的，一者企業客戶（B2B）、一者則是其設在台灣開發中心的上下游產業。因此這次事件的參與者完全與他的主力客源無關。

再來，這次事件因為是發生在半夜，其累積的訂單數量龐大，如果認賠將會對公司的成本造成巨大的虧損；而且如此明顯價格錯誤，證明了前來下訂的客戶多半都是抱持著投機心理，而非是Dell本身忠誠的客戶。既然如此，如果過於禮遇這些投機客，反而是對其忠實客戶的不公。

最後，Dell的網路商店和台灣一般的購物平台運作方式其實並不相同，以Yahoo、PChome這些購物平台為例，一旦你刷卡結帳之後，就會自動把資料送給銀行，交易視同完成；但是Dell平台的運作，卻是在下單後還要多經過一個訂單審核的動作。換句話說，那些訂單事實上都尚未完成交易，即便不出貨也不構成違法。

經過這些評估，Dell最後決定改採贈送「真心卡」的方式，以每人最高二萬元折價券來讓消費者在Dell的網路平台上購物得到相當的折扣。

這手確實是高招。以價格來說，那些誠心想要購買電腦的民眾得到了應有的補償；而對於想要趁此良機，大量購入廉價電腦好從中取利的投機份子，則沒有討到便宜。

於此，Dell品牌的形象算是保住了，而且大量釋出的真心卡讓那些投機份子轉手拋出後，又為公司帶來了更大量的訂單。在這個例子中我們必須要理解到——「微笑」只是手段，千萬別忘了「刀」是要藏在心中的！

十一、西瓜要挑大的吃：李代桃僵

替別人背黑鍋的傻子

「兄弟四五人，皆為侍中郎。五日一時來，觀者滿路旁。黃金絡馬頭，熲熲何煌煌！桃生露井上，李樹生桃旁；蟲來齧桃根，李樹代桃僵。樹木身相代，兄弟還相忘！」

——《樂府詩集．雞鳴篇》——

在一個富貴之家中，四五個兄弟們紛紛都做上了高官。每隔五天，當休假日到來之時他們就會齊聚家中；而每當這天到來時，家門前必定會聚集了大量圍觀的觀眾等著看好戲！只見這些兄弟們一個個錦衣華服，連馬轡都是黃金打造熠熠生輝，彼此爭奇鬥豔好不精采。

而在路旁的古井邊，生著一棵桃樹。桃樹旁依著一株李樹，彼此相互扶持、相生相長，親密快活。可惜天有不測風雲，一日蟲子找上了桃樹，大啖起它的樹根；一旁的李樹為此焦急萬分，卻始終無法為其做些什麼，最終李樹為了桃樹焦心而亡。

唉，連樹木都懂得彼此互愛，身為兄弟的人們卻把手足之情忘得澈底呀。

「李代桃僵」正是由此而來。原本是用以諷刺兄弟們不能相互敬愛，最後卻逐漸被引申為相互頂替或代人受過之意。

「李代桃僵，羊易牛死。世上冤情，最不易理。」

——《二刻拍案驚奇．卷三十八》——

宋朝時，有個官爺叫黃節，取了個不守婦道的李四娘。李四娘生性好色，看到風流子弟就忍不住要勾引一番，雖然和黃節生下了個兒子卻仍是改不掉這個習性。

一日，黃節因為公務在官府住了十多日，李四娘忍不住騷勁兒就帶著三歲的兒子和人跑了；三歲小兒哪懂得什麼跑路，一路上因為路途生疏而啼哭不休。於是李四娘心一狠，直接就把孩子給丟了。

荒山野嶺的，孩子也不懂得要如何求生，只得站在路旁不停的哭。這時有個挑夫李三路經此地，聞聲看到個可愛娃兒站在路邊哭哭啼啼的；由於膝下無子，這個老李就決定把孩子撿回去養。

再說到黃節，從官府回家後他才驚覺妻兒不見了，由於黃節早就知道妻子的素行不良，定是跟人跑了。於是緊張的貼出公告，四處懸賞找人。

不日，黃節卻恰恰經過了李三的門口，看到李三正抱著自己的兒子嬉鬧著，黃節當下一股氣衝了上來，衝著李三就問：「這是我兒子！你把我老婆藏到哪去了？」

李三一時間丈二金剛摸不著頭緒，只答道：「這孩子是我撿來的，誰又知道你老婆跑哪去了。」

黃節一聽更火了，以為李三是明擺著暗諷他頭上那一頂油花花的綠帽子，當下就說：「我老婆和兒子是一起走失的，兒子在你這，那我老婆就定是你這奸夫給藏起來的！」不等李三辯解，扭了人就往縣衙走。

縣官知道黃節是個官，自是多所偏頗，看到李三就大罵：「你個無恥奸夫！兩個人失蹤，一個在你家找到，還敢胡扯不知道另一個人在哪嗎？看來你是不打不招了。」於是一棍棍打將下去，打的李三差點就登仙成佛。牙一咬，李三只得屈打成招，認了孩子是他搶來的，李四娘卻讓他殺人滅口丟下了河。

縣老爺滿意了，黃老爺更保住了他的清譽。於是就把李三定了罪；殺人重罪，不日行刑。

到了行刑的這天，李三正拖著枷鎖站到堂上，忽然烏雲密布雷電交加。一陣驚雷響過，只見一個吏人當場被震死，背上被烙了個大大的「李三獄冤」！縣官一看當場嚇得三魂走了七魄，知道自己糊塗辦案已經惹惱了老天爺。於是當場無罪放走了李三。

這兒的李代桃僵，指的正是李三代人受過，差點一步走上斷頭台。

棄保效應發酵

李代桃僵之意原本是代人受過、相互頂替。不過在商場之中，怎麼會有人蠢到要替別人背黑鍋呢？

因此，李代桃僵在商場之中，主要有兩種意思：一者為嫁禍東吳、移轉傷害；一者為綜觀全局、棄小保大。

企業競爭之中，有時候難免會遇到一些尷尬狀況，為了避免商譽受損或是為此付出額外成本，找「替死鬼」的功夫可不能省。當然這種手法或許並不光明，但有時候用得巧妙反而可以是一種有趣的噱頭。

這邊就有一個有趣的例子：

日本奈良是個風光明媚的旅遊勝地，既有歷史悠久的名勝古蹟、又有蔥蔥鬱鬱的自然景致，一流的旅館皆落足於此，可以說是國內外旅客最愛的景點。

不過對奈良的熱愛，可不僅止於人類而已。每年四月，燕子就會成群結隊的從南方飛來奈良築巢、出入於旅館屋簷下，倒也是另外一種別緻的風光。

只是燕子一多，鳥屎卻成了另外一種嚴重的災害。原本乾淨的走廊、明亮的玻璃窗，全部成了燕子大便的受害者；即便旅館不停的加派人手加強清潔，但總是趕不上燕子們製造的速度。而旅客們也為此連聲抱怨。

於是奈良飯店的總經理就想了個點子，裝模作樣的交付給每位旅客一封道歉函，信中寫道：「親愛的先生、女士們，我們從遠方而來，希望能和你們一同度過歡樂的時光。「只是很抱歉，我們到現在都還學不會使用馬桶，因此常常不小心弄髒了四周，實在是非常的對不起。或許就讓我們用好聽的歌聲作為報答，希望能為你們帶來愉快的一天。也請不要責怪服務小姐們！他們沒有錯的，一切都是因為我們，還請大家消消火，聽聽我們的歌聲，相信服務小姐們很快就來了。——小燕子」

人們看到這樣的信，不禁哈哈大笑了起來。想想，似乎也沒必要為了小燕子而壞了一天的興致；而奈良飯店就這樣巧妙的找到了替死鬼，為這場自然災害找到了解套的妙方。

而李代桃僵對一個企業來說，最常被用到的反而是第二個層面的意思：捨小取大、棄車保帥。「勢必有損，損陰則益陽。」當局勢必定對己方有所不利之時，那麼就一定要立刻做出取捨，以小換大、以多餘而保全局；正是所謂的「兩害相衡取其輕」。

這裡要注意的是，「李」與「桃」的相連關係，更不能忘了孰重孰輕之別，否則以大換小不仍是損失慘重嗎？

放到商場上來看，談判時要懂得讓利；銷售時要偶爾打折；營運時要淘汰不合適的產品；人事管理上要踢掉那些佔著茅坑不拉屎的冗員。不要捨不得眼前的蠅頭小利，綜觀大局、從長遠處入手，正確的面對困境通常才是企業最後的決勝關鍵。

成功往往伴隨著風險、企業家要有捨得的大度，如果不懂得取捨之道，最終只會走上自我虛耗的死胡同裡。舉例而言，當企業面臨了倒閉的危機時，如果能適度的釋出公司部分資產、甚或與強力的外援合併，即便公司名義上的老闆換了人，錢包卻還是越養越肥啊。

過期的馬鈴薯有毒

泡麵大王，真正的台灣首富？——頂新傳奇

頂新集團魏家四兄弟魏應州、魏應交、魏應充、魏應行的故事，或許可以說是台商在大陸最為傳奇的成功典範。如果你不知道魏家四兄弟，那麼你應該知道「康師傅」吧？如果你不知道康師傅，那總該知道「台北101」吧！

2009年，在大陸成功闖出一片天的頂新集團買下了台北101的三成股權，成為101的最大股東！而依據2012年《富比士》雜誌的富豪排行榜來看，魏家四兄弟各以17億美元的身家並列台灣第十四名；但若綜合起來看，68億美元的身價可是足以超越台灣首富蔡萬才家族的65億美元。頂新集團或許才是真正的台灣首富啊！

如今意氣風發的頂新集團，當初又是如何在大陸發跡的呢？

話說從頭，頂新魏家原本是在彰化的一家小公司。四兄弟的父親魏和德於1958年在彰化永靖創辦了「鼎新製油工廠」，1974年更名為「頂新製油公司」，以生產工業用蓖麻油為主。

不過由於在台灣發展不順，1988年由老四魏應行前往大陸考察。才下飛機，眼前就有七台加長型賓士正等著他！沿路前行還有前導車引路！當下魏應行就知道：大陸市

場，大有可為！

於是魏家毅然決定放棄台灣市場，大舉進入大陸這塊未開發的處女地。前三年的打拼過程，對魏家來說其實並不順遂；首先是從老本行做起的蓖麻油工廠，在內蒙古還開不到一年就關門大吉了；接著是頂好清香油、康萊蛋酥卷等產品陸續上市，但都只聞樓梯響、叫好不叫座。

眾人陷入了瓶頸，而負責來往兩地奔波的他們為此心力交瘁，因此每當忙碌的時刻，總是會泡碗泡麵好好慰勞自己。而「商機」就這麼閃現了！

他們想到，既然台灣、日本、香港這些亞洲國家的人，都這麼愛吃泡麵，那麼大陸北方這樣的麵食重鎮，沒道理不能發展出泡麵產業啊！再進一步分析，他們發現到大陸市場中的泡麵，一種是國外進口的高檔泡麵，一種則是大陸本地生產的低水準泡麵；夾在兩塊市場中，不正有一片廣大的消費群眾等待開發嗎！

不過魏家四兄弟在大陸前三年的事業發展的非常不順利，「資產大概 1000 萬美元、負債也是 1000 萬美元」，面對這樣的窘境實在也無力多線進行新的事業。於是他們決定大破大立，把所有的資產投注在泡麵食品的開發上，1991 年在天津經濟技術開發區建造泡麵王國的第一間工廠。

果然，他們澈底的成功了！短短一年的時間，康師傅就席捲了整個大陸市場，由於

「台商」所隱含的品質保證加上正確的市場區隔，1992 年當年的營業額就高達了 2700 萬人民幣，就連工廠都出現了民眾排隊搶購的人潮。

頂新集團成功了！三年之內頂新集團的營業額更是暴漲了六十六倍，1996 年更順利以「頂益控股」在香港上市，市值達 300 多億元。

而這樣的成績，當然也是得益於其逐漸往通路的發展。從康師傅起家，逐漸發展出其他產品的頂新當然不會只甘於當一個最上游的製造商，坐一望二，頂新也想要發展成如同統一這樣垂直整合的經濟型態，從上游到下游一手包辦。

不過頂新由於全力在大陸發展，因此發展出了和統一不同的模式：統一因為在大陸市場上起步較頂新慢，所以早期的規劃上主張穩扎穩打，加上公司注重層級體系，決策中心仍是留守台灣；另外，統一透過經銷商來設立普銷所，層級較多；生產上也亦非一手包辦，只掌握最終端的食材以保留配套產品的彈性。因此相較於統一，主力在大陸生根的頂新生產、製造、加工、配送一手包辦，甚至直接略過經銷商，自行設立普銷所直接面對消費者，讓頂新集團特別能理解大陸當地民眾的需求。話說，當魏家人回來台灣之時，還一度發現自己完全無法適應台灣的市場法則，足見其在大陸的扎根之深。

而頂新這種不適應和一條龍的經營模式，卻也在後來造成了傷害。1998 年頂新夾著大把的鈔票回到台灣，硬是把「北統一、南味全」的第二大龍頭——味全，以每股

60—80元的價格給買了下來。

表面是風光了，可是以高價買下味全卻造成了公司自身的資金調度出了問題；同時由於先前大舉擴張生產與通路，頂新立刻陷入了破產危機之中。

在這個當下，難道該重新釋出味全的股票嗎？從管理上來看，味全無疑是隻金雞母，其完整的產品線——尤其是飲料及乳製品——正足以填補頂新產品的空缺；而其產品本身強大的競爭力，將來必能成為頂新集團的利器。

但眼看破產在即，一億三千萬美元的負債就等在那邊，當下必須立刻有大筆資金流入。於是魏家不得不使出「李代桃僵」之計，棄車保帥、以小保大：魏家一開始打算以康師傅一半的股權與統一協商，但統一卻趁機獅子大開口想一舉買下整個康師傅股權，魏家當然不可能接受；最後，頂新把腹地較小的香港「頂益控股」的三分之一股份，轉讓給日本第二大泡麵廠商三洋食品，驚險的度過了這場難關。

至今，頂新集團作為台灣首富的風光一刻，卻是當初以最小的犧牲所換來的。企業必定會遇到其週轉不利之時，如何在必須做出犧牲時做出最正確的選擇，正是大企業家所必須要具備的獨到眼光。

砍掉重練破舊立新——遠東百貨

1967年，台灣第一家留存至今的連鎖百貨出現了，他就是遠東百貨。歷經了四十多個年頭如今遠東百貨仍然屹立不搖，甚至於2001年趁著太平洋建設公司在其建設本行的巨大虧損下，合併了太平洋SOGO。其後遠東與SOGO雖然各自維持品牌的經營，但百貨三雄中，遠東和SOGO就佔了兩個位置，足窺其成功之處。

遠東百貨其成功之道，其實說穿了就是破舊立新。當年在台灣橫行了二十多個年頭的遠東百貨，雖然初期的坪數規模不大、產品的多樣性當然也未必足夠，但是由於當時的業者不多，生意仍是絡繹不絕。只是到了1980年代，各家百貨如雨後春筍般一一冒了出來，其中尤以夾著日本百貨經驗的台日合作百貨威脅最大，例如：新光三越、太平洋SOGO、明耀、統領等。

已經逐漸步入老年的遠東，在這些新興勢力的圍殺下出現了重大的危機。不過遠東百貨的優勢在於其連鎖店已遍佈全台，為此，遠東作出了一項非常重大的挑戰：除了陸續對硬體進行補強，他們更採取了全面整頓。由於百貨店面規模相較於新興百貨來的小，因此部分店面特意針對該地區的消費主體大膽的施用專一商品的模式，捨棄了以往百貨業常見的多元商品呈現。其中最成功的例子就是1987年遠百仁愛店的改變，它針對當地的上班族群與軍公教階層，刻意刪減了女性與兒童服飾的設櫃，改採男裝與超市為主的全國第一家男仕專業百貨公司。

藉由原本的企業規模以及新舊並行的的方式，遠百安然的度過了新興百貨的圍殺。1990年開始，遠百轉投資了愛買量販店，於後更和法國佳喜樂集團合作將愛買的店面擴展至十多家。有了大型量販的經驗後遠百又再度積極轉型，遠百決定改採Shopping Mall的形式重新出發；新的百貨其單店面積都超過5萬平方公尺，並取名為FE21代表展望21世紀之意。

而這次的改變，同時又是一次破舊立新、以小換大的重大變革；到了2000年，遠百更是大手筆的或關閉、或改建了所有坪數小於3萬平方公尺規模的店面，把撙節下來的開銷拿來創立了10萬平方公尺左右的「大遠百」（FE21 MEGA）。

而不只在硬體上面的全面革新，遠百更帶入了之前專一化的品牌區隔經驗，避開和新光、SOGO等百貨大打一線精品的戰區，而是從二線精品起步、另外更大膽啟用G · FERRE、GAS等自創品牌。這種作法除了創造出特殊性外，更是讓成本大為降低，加強了對同行低價促銷的對抗能力。

另外，遠百悠久的歷史培養出了龐大客群——由於擴店較早，其店面幾乎都位在各縣市最早發展、政府機關林立的早期鬧區，因此其消費者有將近半數是來自軍公教人員。針對這些特別精打細算的主力客群，遠百將品牌定位為親和、便宜，是全台最早使用優惠禮券的百貨公司；而透過自營品牌以及大賣場通路的保證，遠百有足夠的本錢大打低價策略，李代桃僵以小謀大，透過適當的折價以及實用的贈品牢牢的抓住這些軍公教人員的心。每年的週年慶，百貨三雄屢屢開打，遠東百貨常常穩坐營收成長最高之冠。

遠百的成功，就在於它敢收敢放、不斷推陳出新，不論是 1980 年代的勇敢嘗試、還是 1990 年代開始的一連串重大轉型、又或者是其在營運上的捨不足而補有餘，最後搭配上對客戶適度的讓利行為；以捨為得，方能奠定了如今堅厚的基礎。

浴火重生的克萊斯勒

美國三大汽車龍頭——通用汽車、福特、以及克萊斯勒，在美國具有企業標竿的影響地位。但克萊斯勒以及通用汽車卻相繼在 2009 年宣布破產。消息雖然震驚全球，但美國人民似乎老神在在，一點都不覺得訝異；就連美國總統歐巴馬都在就職百日的演說中說道，他對克萊斯勒的破產重整表達樂觀的希望。

美國的人們，到底為什麼對克萊斯勒這麼充滿信心呢？

一切要回到 1970 年代說起。1973 和 1979 年的兩次石油危機，帶給了美國汽車產業重大的打擊。美國汽車一向只注重舒適性、安全性和越野性能，在歌舞昇平的年代這些性能確實是美國汽車熱銷的祕密，但隨著石油危機所導致的全面性經濟緊繃，這些性能背後的高耗油問題就被引爆了。

克萊斯勒就是在 1970 年代這波石油危機中受到了重擊，幾乎已經走到了倒閉的邊緣。這時候，福特的總裁李．艾科卡卻剛好離開了福特汽車——起因就在於他和當家的亨利．福特二世意見不和，雖然帶領福特走過了能源危機，但最後還是慘遭解雇的命運。

1978 年克萊斯勒總裁約翰．李卡多見縫插針，私底下與李．艾科卡談成協議，答應讓出總裁一職，「李代桃僵」的由艾科卡帶領克萊斯勒走出頹勢。

艾科卡一接手，當下果斷的向美國政府申請「破產保護」，希望由美國政府挹注 15 億美元為其紓困。

此舉震撼了美國朝野，更激起了一番論戰：一向深信自由市場經濟的美國民眾認為，成也市場、敗也市場，既然要從市場中賺錢，那麼也就要接受從市場中被淘汰的事實。甚至有人批判艾科卡此舉無異是否定了美國「自由」的基本精神；而主張政府介入的人則說，如果放任克萊斯勒倒閉，那麼所牽動的上下游產業以及大量的失業員工，將會深化美國所面臨的經濟危機。

初期，反對紓困一方佔了絕對的上風，但艾科卡當然不是省油的燈——既然犧牲了公司名譽與利益來申請破產保護，那麼這救命的15億美元就必定要拿到手。於是艾科卡組織起了龐大的利益團體，針對握有紓困案決定權的國會議員進行大量的遊說；由於利益團體包含了員工、供應商、經銷商等約有六十萬人，其財政背景都有一定的影響力。很快的，情勢迅速的轉變成了一種民族主義式的思維邏輯：拯救克萊斯勒就是拯救美國工業，甚至是保衛美國不得不然的行為。

15億美元的紓困擔保金就這麼到手了！

艾科卡接著更是大破大立的全力汰除公司的冗員，將原本多達三十五人的副總經理精簡到兩人；更大刀闊斧的大舉裁員，賣掉所有虧損的部門以及陳舊的設備。這些舉措，讓公司節省了5億元以上的開支，搭配上15億美元的保證金讓克萊斯勒奇蹟式的起死回生。1984年，克萊斯勒獲利高達24億美元，遠遠超過了前60年所有公司的獲利總額。

李艾科卡雖然表面上讓公司走到了破產的絕境，但最後卻以此為要脅，從政府手中換到了救命金，讓克萊斯勒重新回到了美國汽車工業的三巨頭地位。

不過艾科卡雖然成為了美國人民心中的民族英雄。但他們卻不知道，實際上克萊斯勒最根本的結構性因素並沒有因此獲得解決。這次的破產「計畫」，為克萊斯勒贏來了15億美元，但卻因為艾科卡判斷石油危機即將結束，而將資金挹注到了新式中、大型車的開發上，對於小型車的研發仍然匱乏，並沒有從根本上改善克萊斯勒「無法面對經濟危機」的本質。

於是到了 2008 年，石油危機又再度引爆了克萊斯勒的倒閉危機；不過有了先例可借，這次克萊斯勒可就一點兒都不苦惱了。首先，它私底下早與義大利的飛雅特談好了併購條件，將公司較佳的資產如吉普等部分以 20 億美元代價轉予飛雅特處置；接著再趁著破產危機大舉裁撤內部冗員以及低績效的部門；最後再向即將因其倒閉而受到衝擊的美國政府與加拿大政府伸手要錢，以「新克萊斯勒」股權的 8% 與 2% 作為代價向兩國政府借貸大筆資金。

李代桃僵、以小換大的計策這次又奏效了，破產後不久，由於大筆資金的挹注，2011 年克萊斯勒已經轉虧為盈，從前一年 6.52 億的虧損轉變為 1.83 億美元的獲利，也迅速償還了美國與加拿大政府 76 億美元的大部分貸款。克萊斯勒又一次藉由犧牲打而浴火重生！

十二、沒人看守的寶藏：順手牽羊

門神顯神威

——《尉遲恭單鞭奪槊》——

尉遲恭是唐朝開國名將，最為人知的故事就是他在《西遊記》中和秦叔寶一同為唐太宗守門，趕走了討人厭的斷頭龍王；於是兩人也從此成為現在最為常見的左右門神。「順手牽羊」的典故則是源自於關漢卿的這齣元曲《尉遲恭單鞭奪槊》：

隋末，群雄並起天下四分，其中劉武周本身雖然沒幾分本事，但手下卻有個超級猛將——尉遲恭。尉遲恭多次與李淵一族交鋒，各有勝負；三將軍李元吉更在赤瓜峪狠狠吃了他一鞭而敗下陣來。為此，身為李家元帥的李世民早就心癢難耐，千方百計的想把他挖角過來。

一日，尉遲恭奉劉武周之命前往攻打李世民，李世民聽從軍師徐茂公之計將他誘到介休城圍困起來，硬是要耗到他投降為止。經過多日，尉遲恭左右早就有了降意，但身為主帥的他卻誓死不降；於是李世民命人暗殺了劉武周，再遣人將人頭遞給尉遲恭道：

「你的主子已經死了，還要向誰效忠？眼下如果再不降，那就是拿全城的兵卒與你陪葬。」尉遲恭大嘆說道：「罷！罷！罷！罷！」終於成了李氏民手下的一員大將。

尉遲恭降了，李世民歡喜地立刻啟程出發，要為他向李淵討個將軍來做。不料他這一走，營裡登時出了亂子。

李世民一走，營裡最大的就是他的四弟李元吉。李元吉每天都忘不了那日赤瓜峪的一鞭之恥，於是立刻將尉遲恭安了個「忘恩負義、私逃營寨」的罪名給下了獄。軍師徐茂公一看事情不對，立刻就追出城去把李世民給找了回來。

李世民一回營，當頭就問李元吉道：「你怎麼這麼小心眼，一點都不懂得尊賢納士呢！」李元吉馬上辯駁道：「哥哥你誤會我了，如果今天真是個賢能之士，我迎他都來不及了又怎會害他呢。」他眼珠滴溜溜的一轉後續道：「不過今天是他忘恩負義，不念我們知遇之恩，反而逃離此處想回去山上做大王，你說我能不好好懲治他一番嗎？」

李世民點點頭，命左右把尉遲恭帶上廳來，並叫人備了桌酒菜和一箱金子候在一旁。

尉遲恭一到，李世民立刻上前解了他的束縛，說道：「我本想為將軍你求個官印，想不到我前腳才走、你後腳就急著離了營。既然如此『心去意難留，留下結冤仇』，我們今天喝完告別酒後，你拿著金子一路好走吧。」

尉遲恭一聽，氣得一頭就往牆上撞去以求一死。李世民早已有備，一把拉住了他道：「將軍你這是何故？」尉遲恭說道：「我降都降了，如果還懷疑我有二心，那我不如一頭死了算了。這種誣陷我可不認。」李世民當下裝傻道：「是了，將軍寧願一死以明志，那應是清白無虞；但三將軍又是那樣說……。這樣吧，三將軍何不找當初您追出營寨時所領之兵卒來作證呢。」

李元吉一聽啞口，一切都子虛烏有，他是要去哪裡找人呀！於是張口就說：「沒人沒人，當初事態如此緊急，我是一個人追了出去的。當時我才問他要打哪去，他掄鞭就往我這打來，於是我這麼一閃、拳頭一打，噹的一聲就打掉了他的鞭。最後『我把右手帶住馬，左手揪著他眼扎毛，順手牽羊一般牽他回來了』。」

旁人一聽心中都笑了，徐茂公更順勢說道：「那感情好，要不就請三將軍和尉遲先生兩人實地上演一番。如果三將軍中了鞭，那就代表尉遲先生是無辜的；如果三將軍打落了鞭，那就代表三將軍說得是真的。」李元吉一聽，心想：「這不是明擺著要我命嗎？」於是趕緊辯道：「不好不好，當初也不過是運氣，元帥您想放人就放吧，別在這邊消遣我了。」

尉遲恭不爽這小人很久了，於是接口就說：「既然三將軍說搶得下我的鞭，眼下也不用你來搶，咱們兩換過來：我空手、你拿槊，只要你刺得到我，老子就任憑你處置。」

李元吉一想：「這還不刺你個渾小子一個透明窟窿嗎！」當下二話不說，上了馬、提了槊，只等尉遲恭一上馬掄槊就刺。

不料尉遲恭果然是開唐名將，手一夾、身一震，立刻把槊搶過，還順便把李元吉震下了馬。李元吉臉一紅，說道：「這是我的馬眼花了，顛得我摔下了馬，再來過。」

第二次，尉遲恭仍是手一夾、身一震，李元吉又吃了土。這次他連害羞都不顧了，才說：「手上打了滑，不算。」便立刻掄槊又刺；當然，李元吉還是得吃土。眼看這下臉面丟大了，他嘴裡囁嚅道：「唉，肚子痛，先走。」便灰頭土臉的閃了開去。

「順手牽羊」的典故就是從這個無恥的李元吉而來的，比喻一個人輕輕鬆鬆的順勢而為，很簡單的就得到了好處。雖然李元吉本身不是個好例子，但順手牽羊在商場上卻隱含著一個至關重要的基本概念——「勿以利小而不為」。

一千萬也不過就是一千萬個一元

「順手牽羊」直接從字面上解釋，就是在路上看到一頭沒人看守的羊，就那麼順手把牠牽走。它或許不是什麼天上掉下來的金銀財寶，但卻是沒有人看守的蠅頭小利，錯過了，就不會再擁有；是一種意外的收穫，是自動送上門的機會。

因此，順手牽羊可以從三個大方向來看：

其一，不要錯過任何獲利的機會。

一頭羊走在路上，沒有人看守。這時候你會想：「疑？怎麼會有一頭羊？附近是不是有主人呢？」或者是「欸！太好了，趁著四下無人趕快把牠牽回家吧！」。

如果你是前者，那麼很抱歉，當後者走過來把牠牽走時，你可能還傻傻地認為：「啊，果然牠是有主人的。」就這麼失去了一個獲利的大好機會。或許你會說：「沒關係啊，才一頭羊而已，反正又不是一箱子的黃金。」那麼代表你又犯了另一個錯誤——妄想一蹴可幾。

商場之中，機會往往是稍縱即逝的，能夠抓住機會的人就是贏家；當你對蠅頭小利感到食之無味時，你更應該記得棄之可惜的可能。「泰山不讓土壤，故能成其大；河海不擇細流，故能就其深。」所有成功的商人固然會有其關鍵的瞬間，但不能否認的，仍是其後每日兢兢業業點滴積攢而就的成功資本；如果今天這邊放棄一點、隔天那邊漏失一點，那麼你離成功就只會越來越遠。

不要放棄每一個機會到來的瞬間，你只要記住，每個一千萬只是一千萬個一元；而只要你不斷的放棄一塊錢，那你永遠都只有九百九十九萬九千九百九十九，永遠都不會擁有一千萬！

其二，不要忽略任何閃現而過的靈感。

同前所述，不要放棄任何的機會，而這樣的機會則包括了「靈感」。如果人們沒有好好把握這些靈感，現在或許就不會有紙尿布、十元商店、大尺碼商店、泡麵……等各式各樣豐富的商品以供我們選擇。商機其實是隨處可見的，只是在於我們有沒有發現它；商機也不一定是一種全新的發明，有時候它也只是一種切入角度的不同。就拿《泡麵大王，真正的台灣首富？——頂新傳奇》來說吧，魏家人當初正是因為在兩岸奔波中常以泡麵充飢，所以才想到了「泡麵」這市場的可能性，也才進一步發現中國大陸地區對於中價位泡麵市場的缺乏，最後更成為了他們致富的關鍵。

其三，把握市場脈動，趁勢而為、順時而得。

掌握順手牽羊的「順」之意義，任何時候商場都必定有其興旺之勢，若能充分掌握則何處不是商機。當哈利波特紅極之時，坊間關於哈利波特的書不知凡幾，但又有幾本是真的和羅琳搭上過邊？每當選舉造勢之時，不論是前些年的旗幟生意、最近的T恤或改裝車等，不也都是順勢而起的臨時商機嗎？

不要害怕商機的短暫性而要好好掌握該商機的特性，只要能事先制定好經營策略、把定進出場時機，那麼即便是曇花一現不也是得過了便宜嗎；但其中最忌諱的便是躁進躁出，如果沒有先確實對狀況做足了功課，而是一股腦的跟風模仿，那麼最後多半也就必須承擔可能的失敗結果或是中了敵人設下的陷阱。要記得「順」之而為而非刻意追逐小利，若本末倒置甚至賠本而行，那可就完全非是「順手牽羊」之本意了。

順手牽羊即是見微知著，從小處著手、微利必爭。不但對外充分掌握機會與時事，對內更要充分養成公司成員的勤儉慣性，盡量撙節不必要的開銷，用最小的成本獲取最大的利益。這也正是積少成多、積沙成塔的另一應用。

一個都不能少

王永慶的致富之道

說到台灣的「經營之神」，大家腦中第一個想到的就是王永慶（1917—2008）。他曾這麼說過：「一根火柴棒不到一毛錢，一棟房子值數百萬元；但一根火柴棒卻可以摧毀一棟房子，可見微不足道的力量一旦發作起來，其力量卻無法防備。要疊一百萬張骨牌需費時一個月，但推倒骨牌卻只消十幾秒鐘；要累積成功的實業需耗時數十載，但要倒閉卻只需一個錯誤決策。」從這段話來看，我們就可以知道王永慶也深明「小處」的力量。

十五歲那年，王永慶來到嘉義縣的一家米店打工，他不放過任何微小的學習機會，從早上仔細觀察老闆的應對進退以及記帳方式開始，到了晚上再好好思索每一個行動背後的深層原因。就這樣，短短一年的時間他就把所有的竅門都學了起來，自己開了一家米店。

雖然他勇於嘗試，但一開始開店的資金只有200元，因此店面只能選在最偏僻的地方，幾乎沒什麼客人上門。

王永慶再次發揮了「從小處著手」的功夫，他發現到一般的米行的米裡面，由於輾米技術不發達，裡面常常有很多砂礫、糠、與小石頭等，這對當時的人來說都是見怪不怪的。但王永慶就從這個所有人都不在乎的地方著手，率先把所有的米都汰選乾淨，省了客戶回家還要挑雜質的功夫；接著，他還提供了送米到家和賒帳的服務。於是他的生意逐漸變好，為他後來事業囤積了一筆可觀的資產。

抗日戰爭後，全台灣百業待舉，於是王永慶抓準機會開起了木材行，因而大大撈了一筆。但這個方向雖是大有商機，但最終或也不過是曇花一現，不但競爭者逐漸變多、木造建築也終有飽和的一天。

於是他當機立斷，放下了當紅的木材事業，轉而在50年代接手了當時所有人都不看好的石化事業——不放過任何一點的機會；不過他之所以敢接手也不全是胡亂冒險，因為他知道當時的美國正全力援助台灣政府發展計劃經濟，所以他才能從中獲得了79.8萬美元的貨款並獲得了政府在背後的贊助。

於是，王永慶靠著石化工業起家了，最後成為了眾人皆知的「經營之神」。在這當中，他仍是不改從小處著手的習慣，想方設法的要降低公司的營運成本：他提出一種「單元成本分析法」，藉由劃出了更多的成本核算單位，對影響成本的各個因素進行完整的分析。從此，他能夠在別人沒有注意到的小地方找到可能的財路。

1980年代，由於油電價的飆漲，使得台塑的能源支出一下子增加了17億。既然生產的成本是無法去節省的，那或許也就只能從小處撙節以東補西。

王永慶命人成立節能小組研究要如何減少公司營運時的過度浪費。例如他們花了一筆小錢裝設最新科技的反光罩，透過反光罩讓原本的光源強度增加一倍，節省下了約700萬元的電費；透過從各種小地方節省下來的開銷，當年就省下了12.68億元，讓台塑集團在當年的不景氣之中一支獨秀趁勢擴展；這或許也是最近吵的沸沸揚揚的台電和中油所應該借鏡之處。

2005年財經作家郭泰蒐集了王永慶四十餘年來的講稿和各式的報導，寫出了《王永慶給年輕人的八堂課》一書，幾點如下：一、追根究柢，絕不放棄任何一點微小的商機；二、結果並非唯一，追求行事過程中點滴的務本精神；三、瘦鵝理論，用刻苦耐勞的精神面對困境；四、基層做起，必須腳踏實地、按部就班；五、實力主義，不要放過每一個學習實務經驗的機會；六、切身感，要讓員工感到同舟共濟，一同將公司成本發揮大最大的剩餘價值。就如同他所說的：「雖是一分錢的東西，也要撿起來加以利用，這不是小氣，而是一種精神，是一種警覺，一種良好的習慣。」；七、產品要物美價廉才能吸引顧客；八、客戶至上，懂得維護客戶的利益，才能取得自己的最大利益。

總結的來說，就是追求「順手牽羊」、從小處著手。對自己而言，不要放棄任何的機會去學習、去嘗試可能的商機；對員工而言，要讓全體員工一同理解到「小」的重要，從節省公司成本開始來建立一體感；對客戶而言，不要好高騖遠，要學會安妥客戶所重視的每一個細節，從根本做起。

豐田汽車的小氣王道

看完了台灣經營之神的節儉之道，那我們就不得不再看看日本的小氣之王——豐田汽車（TOYOTA）的省本之道。

1937 年由豐田喜一郎創辦的豐田汽車是由其父豐田佐吉的豐田自動織機製作所獨立出來的。所以，我們或許可以追溯這股小氣的血緣來看看豐田佐吉是怎麼做的。

從事紡織業的豐田佐吉於 1902 年發明了一種全新的自動紡織機。為了節省成本，這種紡織機當其經、緯線只要有一根斷線，整台機器就會自動停止下來，藉此以免去不必要的浪費。同時在人事上更使得一名操作者可以同時看管幾十台紡織機，又大大的節省了人力成本的開銷。「從小處做起」，正是其一脈相傳的成功之祕。

而到了豐田喜一郎的豐田汽車時，他又是如何節省成本的呢？

首先，他對準了戰後美國市場的蕭條，鎖定「節能」的小型房車作為開發主力。此舉不但避開了與美國汽車生產主力的大型汽車競爭，更由於節能省油的特性大受歡迎。

除了避開市場競爭的多餘開銷外，喜一郎亦於1954年創造了「看板管理」的模式（just in time）：也就是透過看板（現在已改為電腦）來強化前後工序的訊息流通。當生產指令下達後，就會向各個部門傳達生產訊息；而下游部門經過確認後，會再傳達所需零件的正確數量給上游部門，以減少過量生產的發生；另外，更把生產和物流部門做結合，由倉管和採購部門做最後的把關，確立了生產成本的有效利用。

而豐田汽車的「小心眼」卻絕不僅止於在策略目標和生產上的應用，他更對企業內部定下了內規：

一、馬桶裡要放三塊磚頭，以節省沖水量。小便斗前畫上兩個腳印，以便男士們瞄準而能節約沖洗用水；

二、正面用完的紙張，要裁成四段，把反面當便條紙來用；

三、一隻手套破舊了，只能換一隻，不能一次換一雙；

四、開會前貼出告示，上面列出每位與會成員的每秒價值，最後乘以開會時間視為開會成本——藉此以盡量減少不必要的會議而浪費時間。

這些被一般人視為斤斤計較的小事，但卻被豐田汽車納為內規，讓企業員工從小處體驗、學會站在企業的立場思考，從而讓其產品都能利用最小的成本產生最大的利益。

「順手牽羊」的小氣精神轉化為「一分錢也要賺」的企業精神，正是讓企業得以教化員工學會共體時艱，並進而成為長期發展的重要根本。

泡麵之父——安藤百福

泡麵的好味道是所有台灣人都抵擋不住的誘惑，不論是宵夜嘴饞時適合來一杯、就算是正餐的時間也可以來上一碗好大快朵頤一番。但你知道，其實泡麵的發明人，其實本來是個台灣人嗎？

安藤百福原名吳百福，1910 年生於台灣的嘉義縣朴子。自小父母雙亡的他由經營布料行的祖父母撫養長大；1932 年以父母的遺產開設了纖維公司；1933 年以針織品貿易為契機到了日本大阪設立日東商會；第二次大戰後，空襲炸毀了原本的事務所和工廠，於是他轉換跑道經營起了百貨公司和食品事業，1948 年創立現在日清食品的前身——中交總社，並正式歸入日本藉。

而戰後的日本由於受到美國的援助，得到大量的小麥來製作麵包以提供戰後窮困的日本百姓。當時安藤百福就想到：東方人不是應該吃麵才對嗎？怎麼會去吃害慘了日本人的美國麵包呢？

但是由於麵食無法長期保存，也無法像麵包那樣可以簡單的派送，於是他產生了研發「泡麵」的想法——一種簡單用水沖泡就可以立即享用的麵食。

不過1957年由於合作的信用合作社倒閉，讓他負起了償款的責任，一度中斷了泡麵的研製工作。但就在這段「家裡蹲」的時間裡，因為住家就在車站附近，讓他常常看到不少下班的人們寧願大排長龍的等在麵館前，只為了想吃一碗熱騰騰的麵。

於是，他的「泡麵」計畫又再一次得到了進展的動力：這種畫面雖然很普通，但不正代表著背後龐大的商機嗎？人們會到麵館吃麵，就是因為自己在家煮麵費時費力，不但要煮高湯、找調料，冰箱裡也不一定隨時都有新鮮的麵條可以食用——於是他繼續了先前的研究，1958年他終於成功的在自宅庭園中的小房研發出了雞味泡麵（チキンラーメン），從此大受歡迎，日清食品株式會社也在1963年於東京證券交易所及大阪證券交易所正式上市。

到了1966年，公司正發展得有聲有色之際，安藤百福打算開始進軍廣大的美國市場了。但他仍不忘「從小處觀察」的作風，先從美國人的餐飲文化開始研究起：他發現到，美國人不但餐具和東方民族大有不同，而且平日也沒有煮麵的習慣，一般的泡麵對他們來說光找個餐具就成了問題。於是靈光一閃間，「杯麵」就這麼出現了！

不論是我們常見的包裝泡麵、或者是方便速食的杯麵，這些卻全部都是安藤百福從小處著手、把握住微小創意所拓展而成的巨大商機。從現在起，我們或許都要隨身帶個小本子，以免不小心錯漏了這頭致富之羊啊。

主動營造的勝利機會（攻）

商場征伐中總是有各式各樣的狀況需要面對，當面對強敵之時我們只能選擇避實擊虛、藉機還擊；當與勢均力敵的眾多對手對峙之時，我們就必須試圖與眾不同、鶴立雞群。

而當我們在面對敵情不明的狀況之時呢？

如果商場之中的對手們都老奸巨滑的隱匿起了聲息、又或各方勢力陷入了一片膠著之中，那麼就該試圖打破現況，以主動的攻勢營造出勝利的契機！

每個人都有追求勝利的慾望，但在商場中，追求殺敵千萬之勝，往往遠不及攻心之計來的有效——「攻心為上，攻城為下；心戰為上，兵戰為下。」

——商人要懂得避開人力與財力的消耗戰，避免明刀明槍的與人爭一時長短。善用謀略來發動攻勢，往往能以奇襲與巧智來節省不必要的戰略支出，「先知、善用、引之、消之、誘之、截之」，一往一復之間更能積累出可觀的成功根本。

十三、打出大蟒蛇還是小蚯蚓：打草驚蛇

打腳底卻讓你喊頭痛

——《酉陽雜俎》——

南唐時，當塗縣（今安徽省內）有個叫做王魯的縣令。他呀，唯利是圖、枉法斂財，只要有錢就可以顛倒黑白、以曲為直，讓當地的人民非常頭痛。

正所謂上樑不正下樑歪，下面的人們看老闆自己做得明目張膽，他們當然也就名正言順的跟著揩起油水來，警察變土匪，一群貪吏各各敲詐勒索、貪汙受賄無所不為。

百姓平時隱忍已久，只希望哪天來個青天包老爺來救苦救難一番。好不容易，這天終於盼到了朝廷派官員前來巡視，所有的老百姓立刻喜不勝收的聯名寫了一狀，控告縣衙裡主簿（相當於秘書）以下的大小官員各種徇私舞弊的惡行劣跡。

不料這紙狀書卻先落到了王縣令手裡。不看沒事，一看卻嚇出了一身汗，裡面字字句句讀之驚心、觀之動魄，雖然狀裡寫的是他下面那些糊塗官員，但一條條罪狀羅列出

來卻和自己所做所為不謀而合。更何況難保這些佘文萬一有哪個不認罪了，朝廷查呀查的查到了自己身上又該如何呢？

於是他滿心惶恐，忍不住提筆在狀書上寫下「汝雖打草，吾已驚蛇」。一恍神，最終連筆也落了地。

打草驚蛇，往後就被引用為那些作賊心虛的人，當聽到風聲之時就會聞風而逃；而後更被引申為行事不密而致使對方有所警覺。

驚蛇？引蛇？驅蛇？

「打草驚蛇」的成語引申之意，往往帶有一種負面的意思，代表著行事不慎而讓對手有了防備。可是在商場之上，這又被引申為一種刻意的試探行為，專門用來打破不明的敵情或是嚇走可能的敵人。

打草驚蛇最有趣的一點就在於「草」與「蛇」的相互關係，兩者看似無關，但卻能透過草而探知蛇的動向。因此在實際運用之時要明確了解到「草」與「蛇」的主從之別，不要打草錯打成了蛇，那可就成了引蛇反噬反遭惡果。

打草驚蛇可以分為以下兩個方向：

一是「打草引蛇」。透過打草之法，間接的引蛇出洞，藉此探明市場虛實。在此更可以把蛇細分為「消費者」與「競爭對手」之別：對消費者而言，最常使用的引蛇之法就是產品試用以及市場調查等手段。新產品的開發雖然是企業延續生命的必要措施，但沒有銷售的產品卻是企業最致命的陷阱；若能在上市之前做好詳細的調查，探知消費者的接受程度與潛在市場的大小，才可以就此提出修改或是放棄的決定。這些手段能大大地降低新品開發的風險，而在這個過程中也可以營造出一定的廣告效果。

另一方面，對於競爭對手來說，這就是一種引敵出手、探其虛實的手段。商戰中至高的原則便是「先謀後動」，打草引蛇正是為了暴露問題並扎實的明瞭對手的底細，透過此，才能以全局之勢做好主力佈置。在預測對手行動時必須要考慮到兩點：一是市場的廣度及深度。餅的大小以及吸引力的深淺，往往是決定敵我關係很重要的一個因素；二是雙方的實力評比，諸如技術、資本、通路、生產等各方面的實力，當對方過於強大時咱們還是不要引火自焚來得好些。

與打草引蛇相異地便是「打草驅蛇」，是一種刻意威嚇對手的手段。對於大企業來說，透過打草驅蛇能夠讓那些小企業乖乖俯首，在併購時是常用的手段以減少無謂的對抗與浪費；對於小企業來說，卻是一種虛張聲勢、以小吃大的奇謀。不過此多為冒險之途，千萬要小心不要因功夫沒做足而反遭蛇咬。

謹慎、謹慎、還要更謹慎

洛克斐勒號稱石油大王，是橫行19世紀的不沉巨人；而接替他而起的就是這位「石油怪傑」保羅．蓋蒂，是20世紀60年代的世界首富，其精采的商謀戰略一直為人們所津津樂道。

「石油怪傑——保羅．蓋蒂

1892年出生的他，父親本就是奧克拉荷馬州一帶的石油大亨，從小耳濡目染的他雖然對油礦探勘作業多少有些見識，但一開始並沒有多大的興趣，反而是想往外交官或作家發展。1914年第一次世界大戰爆發後，為了不讓家人擔心便從求學的英國返回美國。不過天生浪子性格的他才在家裡待沒幾天，就忍不住又想出去外面闖帶一番。

決心不當靠爸一族的保羅，帶著僅有的500美元存款，並以未來創業營利的70%作為代價向老爸每個月預支了100美元的借款。

相當於白手起家的他，到底要如何才能快速致富呢？左思右想，看來還是只能靠石油了吧！

於是他憑藉著兒時的記憶，試圖在石油探勘業中闖出一番名堂，可惜他既缺乏地質學知識、又沒有相關實務經驗，處處碰壁下很快的就虛渡了一年的時間。

為了彌補這一年所耗費的時間與金錢，他開始認真的四處打聽，終於得知了奧克拉荷馬州有一個叫做「南希．泰勒」的農場可能蘊含著極為豐富的石油——當時實力雄厚的殼牌石油公司以及史格達家族兩大勢力早就鎖定了這個目標，也因此嚇阻了不少小公司前往競價；至於農場主人的泰勒則喜孜孜的想要看這兩大勢力大打出手，料定自己必能坐收漁利賺個滿懷。

保羅眼看這正是個翻身的大好機會，但橫亙在眼前的兩個阻礙要如何移除呢？腦子一轉，他想到了一個在高級銀行上班的好友，於是開始在心中操演了一場「驅蛇」大計。

首先，他從一個雞不拉屎鳥不生蛋的鄉下地方找來了一個沒人認識的小農夫，要他喬裝成「大富翁巴布」。這個巴布一出現泰勒農場，就把錢當成糖果般發贈給當地的孩子們；接著，他再刻意用稍微低於兩大石油公司的價錢——20000美元，刻意向泰勒要求買下這個農場；當然，貪心的泰勒自然沒有接受。

接著，他委託高級銀行的朋友代表自己，以隱匿自己身分的方式向泰勒提出了25000美元的價格；這次泰勒當然還是沒有接受。而當地的媒體雖然不知道背後的金主是誰，但由於他朋友的身分，不少人開始猜測這個金主就是當時的「大銀行家克理特」，甚至還有些報紙就擅自炒起來了「大富翁巴布VS大銀行家克理特」的新聞。

新聞越炒越熱，泰勒是越看越高興；雖然明知道殼牌石油公司以及史格達家族就此萌生了退意，但讓更大的兩隻老虎廝殺一番，仍是對自己只有好處、沒有壞處。

於是他最後將「南希．泰勒農場」交付拍賣會決定，滿心期待會看到一個破天荒的高價——拍賣會開始了，果然沒看到兩大石油公司的身影，只見到巴布和疑似克理特的代理人就這麼得意的在會場上端坐著。

拍賣由500美元起標，可是到了1100美元就沒人再叫價了。正當眾人都目瞪口呆之際，保羅就這麼輕鬆的唬走了敵人，簡簡單單的吃下了眾人垂涎的大餅。

他這招打草驅蛇幹的漂亮，從此成為人們津津樂道的飯後佳話，也讓他在僅僅二十四歲的時候就成為了百萬富翁。不過精采的還不僅如此，他對於打草引蛇的先探功夫又是另一番傳奇故事。

1930年，保羅的父親去世，家中碩大的資產卻沒多少落到他的手裡，總共就只分到了50萬美元的遺產。而當時正值美國30年代的經濟大蕭條時期，股市大崩盤的影響下所有商人都瘋狂的拋出手中的股票。

保羅經過了完整的分析後斷定，這是他創建一個大型石油綜合企業的絕佳機會。當時他看中的是最有潛力的兩家加州石油公司：墨西哥海濱聯合石油和太平洋西方石油。

無獨有偶的，當時的石油龍頭——洛克斐勒的美孚石油也看上了墨西哥海濱聯合石油。保羅當下就斷定要避開這隻大蟒蛇而把所有的資金都壓注到了太平洋西方石油；並用緊迫盯人的態勢隨時關注著洛克斐勒和墨西哥海濱聯合石油的動向。

果然，到了 1934 年——或許是英雄所見略同，小羅斯福和老羅斯福總統一樣，開始對洛克斐勒的家族財產進行了清查。洛克斐勒年事已高，為了避免高額的遺產稅，於是不得不拋售手中 10% 的墨西哥海濱聯合石油股票，保羅趁此良機偷偷地拜託友人把它買了下來。而隨著 1937 年洛克斐勒的逝世，保羅更是一步步透過人頭戶的手段，避免打草驚蛇地蠶食了墨西哥海濱聯合石油絕大部分的股權。

於是二戰結束後，保羅憑著這兩家石油公司的股價，身價又是翻了數十倍。而雄心不減的他這次又看上中東的油田——這個早就被「石油七姊妹」（埃克森、美孚、英荷皇家殼牌、英國波斯石油、德士古、加利福尼亞標準石油、海灣石油）所霸佔的世界油庫。

這次他仍是充分發揮了先探的功夫，一方面避開了與七姊妹的正面衝突、另一方面則做足了地質學的調查研究，找上了所有人都認為根本沒有石油的沙特油田（沙烏地阿拉伯與科威特的共管中立區）。經過漫長四年的開挖，他終於在 1953 年開採出了當時最高產的油井，並在 1957 年榮譽的登上了世界首富之位。

保羅的成功就在於他善用了「打草驚蛇」的功夫。年輕時的創業，他透過打草驅蛇的花招，以小搏大的在市場上站穩了腳步；接著他更多次的利用打草引蛇的先探功夫，一方面避開與其他公司的正面衝突，另一方面則用扎實的調查功夫為自己開創了一條道路。或奇或正，其實只要運用得宜，則皆可說是商場中面向成功的必勝巧門。

「安靜的小狗」不安靜

狐狼（Wolverine World Wide）是1883年誕生於美國密西根州的精品鞋款製造商，1914年創立了Wolverine品牌後開始製造生產適合戶外運動與工作的鞋款，其穿著主打舒適與安全，以實用和時尚兼具為其最大特色。其著重於專利的研發以及品質的保證讓它在1980年代安然度過了拉美與亞洲廉價鞋款大舉入市的衝擊，而高品質的品牌形象更在1996年入駐巴黎、東歐與日本等市場後再次獲得肯定。

旗下有Merrell（戶外登山鞋）、Bates（軍靴）、HUSH PUPPIES（休閒鞋）、Hy-Test及Wolverine（工作鞋），以及Caterpillar、Coleman和Harley-Davidson等知名品牌的製造授權。2003年併購Sebago（帆布鞋）、2009年併購Chaco（運動涼鞋）和Cushe，正持續擴大中，是目前最大且知名的世界級品牌。

狐狼這麼一個龐大的公司，其中當然有不少值得一提的商戰奇謀，不過最常被大家提起的莫過於HUSH PUPPIES（安靜的小狗）此一品牌的行銷故事。

狐狼早期生產的主力，主要是放在馬皮製的工作鞋，由於舒適耐穿，在農村地方受到不少農夫的喜愛。但1930年代過後，隨著逐漸的都市化影響，馬匹的數量銳減，造成了生產成本大幅的增加；但相對於馬匹，由於人口增加，食用豬隻的產量也跟著大幅成長，於是狐狼公司就把腦子動到了豬皮身上。

豬皮經過加工染色後，它的光澤遠比馬皮美觀，輕便、舒適還很透氣，只可惜豬皮相較於馬皮略顯輕薄，無法像馬皮一樣製成耐用的工作鞋，而只能改往休閒鞋的方向去做生產。

1957年，新款的豬皮休閒鞋出現了，一種款式搭配兩種顏色，第一次的生產只製造了三萬雙作為試探市場評價之用。

1958年，狐狼開始了第一波的行動——試穿。他們把一百雙的休閒鞋送給了一百位的顧客，供其試穿八週，並告訴他們八週後公司將會回收鞋子，如果想繼續留下鞋子則只要支付5美元即可；結果顯示，顧客們都很滿意，每個人都樂於掏腰包來買下鞋子。而這也證明了這豬皮休閒鞋是具有市場吸引力的！

於是他們接著展開了第二步的行動——命名。他們走訪了洛杉磯和芝加哥，以六個名字來邀請當地民眾擇一為其命名；於是這款鞋子就在眾人的期待下，被取名為「安靜的小狗」（HUSH PUPPIES），意味著這款鞋子就如同讓吠叫的小狗安靜下來的餅乾一樣，正是讓人們的腳得到寧靜的「獎勵」。為了加強這個印象，他們最後還特地製作了一個眼神安寧、拖著耳朵的短腿臘腸狗作為品牌商標。

最後，他們捨棄了原本工作鞋銷售主力的鄉下地區，改以城市為休閒鞋的重點市場，並大量培訓新的推銷人員然後廣開據點，將鞋子的訊息大量散佈造成一種「熱銷」的印象；接著更趁著聖誕節檔期在報紙雜誌上大打廣告——廣告中捨棄了一般鞋店單以鞋子為主體的行銷策略，它們改把重點放在穿著鞋子的人，加深了「為家人買禮物」的印象。

連續三波的打草驚蛇攻勢奏效了！市場早就被這一股股活動的浪潮推起了民眾高度的慾望，短短不到三週，十二萬雙 7.95 美元的鞋子瞬間就被搶購一空。

虛擬世界的甜美誘惑

一個不常被人提起，卻紮紮實實地在台灣生根茁壯的巨大市場——那就是線上遊戲產業。

在 2008 年全台灣各個產業陷入金融海嘯的風暴之中的那時，高舉利潤大旗、風風光光招搖於市的正是橘子、宇峻、智冠、中華網龍這些遊戲大廠；即便隨著網頁遊戲和手機APP遊戲的崛起，致使傳統網路遊戲大廠於2010年開始走入了下坡，但2011年時仍然具有142億元的市場規模，5.9%的成長態勢仍是不容小覷。

傳統網路遊戲大廠當年的風光，其實得益於台灣特有的營運方式。由於台灣島國的天性，大部分的遊戲幾乎都是由國外代理進來，節省了大量的研發成本；台灣的代理商只要做好翻譯以及伺服器架設，就幾乎完成了泰半的工作。

因為引進的遊戲多半在國外已然熟成，換言之又可省下大部分的測試工作——以一個從頭研發的遊戲來說，它必須經歷CB（內部技師測試、媒體測試，藉由專家試玩以找出需要修正的Bug）、OB（外部壓力測試，引進大量玩家以測試伺服器的承受度），最後才是正式營運；這中間的過程往往長達數個月到一年不等，是遊戲公司等待回本時最為難熬的階段。

而對於撿了現成便宜的台灣代理商來說，因為原則上遊戲已然是完成品，所以這些的測試就成了他們「打草引蛇」的行銷噱頭：在CB的階段，便引進大量的白老鼠玩家來做試玩，如果遊戲一切正常，那麼很快就可以進入OB然後正式營運。這整個過程，往往都只需耗費不到兩個月的時間，換句話說，這已經不是測試「遊戲」，而是在測試「玩家」，驅使玩家在熱頭上衝動買下遊戲。

因此網路遊戲在台灣有如速食泡麵一樣，只要經過一段短期的試玩行銷期就可以正式上路，天堂、RO 等遊戲可以說是紅極一時的代表之作。

不過這種狀況隨著外掛（自動遊戲軟體）的猖獗，導致遊戲不公的狀況愈益嚴重，第一代的收費模式——月費制——本就有玩家人數的進入障礙，隨著遊戲不公的問題更導致了玩家的紛紛求去，2003 年遊戲市場為此呈現一片慘綠。

在這種狀況下，遊戲廠商引進了韓國的第二代收費模式——免費商城制。透過免費的名義大開方便之門，打草引蛇再見奇功：解除了月費制遊戲的進入障礙後，玩家紛紛回籠，免費遊戲市場登時風生水起一片歡騰，諸如淡水阿給、跑跑卡丁車、瑪奇、楓之谷……等遊戲一一出籠，2006 年的遊戲市場呈現了回春的態勢。

這次免費制的引用，讓遊戲廠商更是變本加厲的炒起短線，由於沒有「月費」的收費起點爭議，不少廠商乾脆大量引進遊戲，並將 CB 視為正式營運來測試玩家的反應，不受歡迎的遊戲甚至短短上市月餘就無疾而終；光 2008 年的網路遊戲總數就高達了八十多個，玩家就算平均一個禮拜試玩一個遊戲，時間都還不夠分配呢。

連續兩次的打草引蛇，其目的無非就是要利用玩家來測試市場反應，而更深一層的原因則是要玩家就著「免費」的噱頭而深陷遊戲世界，最後或掏錢包月、或用現金購買虛寶，總之就是肥了廠商的口袋。對於它們來說，只要把蛇引出了洞，最後還能不任其宰割的嗎？

十四、資源回收，小兵立大功：借屍還魂

花美男成了老乞丐

——《茶香室叢鈔》——

如果對八仙稍微有點了解，應該都知道其中有個叫做李鐵拐的大叔。如若印象再稍微鮮明點的，應該就可想像出一個拄著拐杖、滿臉鬍鬚的怪老頭吧？

其實神話中的李鐵拐本來可不是這麼個怪模樣。傳說中，李鐵拐本名李玄，是個身強體壯的翩翩少年郎；老天爺幾乎把什麼都給了他，不但外型俊俏、聰慧靈敏，而且博學強記、通天達地。也由於天生就是個資優生，最後當然免不了想當個神仙，於是拜了太上老君為師，學來了一套長生之術。

有一天太上老君和李玄相約華山，於是他便囑咐徒弟道：「我把身體留在這兒，要和太上老君去遊山玩水。你呀，可要好好守住我的身體；如果七日未歸才可以把它火化，那代表我已經登仙成聖了。」

徒兒一聽，連聲點頭，一邊心中暗想：「是不是有這麼神奇啊！」一邊小心翼翼的守起了李玄的身體。不料到了第六天，徒兒的家人突然來催他回家，原來家中的老母已經病入膏肓了。

徒兒還在猶豫間，催促他的家人就說道：「你還在聽這人招搖撞騙啊，死都死六天了，哪還可能反魂。眼下你是要看個死老師還是回家去見見活老母，還需要我多說嗎？」迫於無奈，李玄的徒兒最後還是把他的身體給火化了。

於是到了第七天上，當李玄的魂魄高高興興的遊玩歸來，卻四處都找不到自己的身體，一時急地像熱鍋上的螞蟻一樣到處遊盪不知如何是好。就在這時，他看到了路邊一具老乞丐的屍體，接著就想起了老君臨別時告訴他的：「辟谷不辟谷，車輕路亦熟，欲得舊形骸，正逢新面目。」

「唉……」李玄心中一動，不禁長嘆一聲。心中明瞭一切皆是命定已無他法，於是只得入了老乞丐的身體，「借屍還魂」重獲新生。

把死路走成活路

借屍還魂的本意，顧名思義就是把一個死的東西，用另一種新的形式重生。

在商場之中，其應用可以延伸成意近而神離的兩種模式：「借屍還魂」與「借勢還魂」。但不論是借屍還是借勢，唯一不變得就是「還魂」此一最終目的；換句話說，借屍還魂此謀略通常是用於一無所有、白手起家，或是迫不得已、走進絕路之時，是平地造樓的奇蹟，也是東山再起的唯一希望。

所謂的借屍還魂，即是利用那些無用的、已經失去作為能力的品項來加以操弄，並借此扭轉劣勢以求一役之成。需要注意的是，這邊所利用者不可為那些尚有運轉能力的品項，否則或會因其自主性而造成了運作時的障礙、又或者因為其仍有營利能力，最後卻造成了浪費。

那麼這些「屍體」會是什麼呢？具體點來說，它或許會是公司無法獲利的事業項目、肥大的人員體制、暫時失去客源的季節性產品、即將倒閉的公司股權、又或者是收購已經倒閉的企業等。透過大量精簡不必要的開銷，拋售股權、庫存以換取現金的挹注；再或者將夕陽產業的資本全部轉投資到新興產業；以上這些都是讓一間公司能起死回生的妙著。

至於借勢還魂雖然同樣都是借，但或許可以反過來說成是「借魂重生」。對於一具已經死去的屍體來說，一個新靈魂的注入或許也是一種起死回生的另向解讀。這邊所借的，或為名人之聲、或為銀行之財、又或是傳說耳語、抑或是技術專才，總之就是要借勢來橫渡眼前的障礙，將企業面臨轉變時的成本最小化。

化蝶之蛹

破爛王——保羅・道彌爾

1928 年出生的保羅・道彌爾，在美國的企業界享有「神奇的巫師」之封號，而這封號的由來其實正是來自於他借屍還魂、起死回生的功夫。

1948 年，二十一歲的保羅因為受到德軍的壓迫，不得不離開祖國荷蘭來到美國。當時的他失去所有的親人，身上更剩不到 5 美元，唯一擁有的只有一個強健的身體能夠支撐他渡過這樣的日子。

在美國的頭一年半內，他總共換了十五個工作。這可不是因為他是個草莓族，而是因為想要在最短的時間內儘速適應美國的商業環境，好為將來的發展打下一個根本的基礎。

最後，他選擇在一個日用雜貨的工廠上班，並且每天用最勤快的態度換來了老闆的絕對信任，不久就將他升為了工廠主管。

經過半年的學習，當他認為已經學會了所有基本的工廠事務後，他這次又把目標轉移到了銷售面，希望將來自己能夠當個全能的企業家。

於是他放棄了主管的高薪工作，轉而當個小銷售員。經過兩年時間的打拼，其累積的人脈扎實了他日後企業的銷售網絡基礎；也就在這段時間中，他得知了一個訊息：根據美國法律，企業一旦宣布破產，提供貸款的銀行即有權可以把企業拍賣。

於是一心期待白手起家的保羅，存好了錢，接著就常到這些銀行準備動手收購破產企業；最後機會確實降臨了！保羅最終以70%的股份擁有了一座工藝品製造工廠。面對這個破產工廠，保羅終於有機會大展拳腳，把之前所學習到的長處一次發揮了！

首先，他針對生產管理層面，大刀闊斧的減員加薪，提高每單位勞力的生產質量，強化工藝品的生產品質；接著，在行銷層面上，他打破了以往削價競爭的觀念，反而大幅提高產品的售價來增加利潤。因為他深知工藝品的主力客群往往都是些有錢人，他們只重視眼睛所能看到的品質，而全然不在乎製造過程中花了多少錢。換句話說，好的品質搭配上高價的定位，反而更能吸引這群中高階層的主顧上門消費。

他的謀略成功了，原本死氣沈沈的破產公廠才經過一年的時間就讓他轉虧為盈，借屍還魂成了巨大的利潤來源。此後他便透過類似的方式，專門收購各種瀕臨倒閉的企業，充分利用原企業已有的資源來降低該領域的進入障礙。最後終於讓自己也進入了億萬富翁的殿堂。

曾經有人問他說，為什麼要專門挑這些倒閉公司來經營呢？難道它不怕這些問題公司最後拖垮了他好不容易經營起的企業帝國嗎？

他卻這麼說道：「別人經營失敗了，接過來就容易找到他失敗的原因。只要把造成失敗的缺點和失誤找出來並加以糾正，企業就會得到轉機，也就會重新賺錢。這比自己從頭來過要省力得多了。」這句話的確值得我們借鏡——或許破爛，其實沒有我們想像的那麼不堪。

鑽石大王——亨利·彼得森

亨利·彼得森 1908 年出生於倫敦的猶太家庭，從小父親早逝，母親為了擔負家計便舉家搬遷到紐約找工作。而彼得森小小年紀也就開始進入社會分擔家計。

十六歲那年，由於同為猶太裔的關係，他碰巧進入了珠寶工匠卡辛的門下當學徒，當時的他還不知道卡辛超凡的技藝可是讓當時所有上流社會的名媛貴族各個趨之若鶩的神奇之手。

在卡辛門下整整三年半的時間簡直就像是在地獄受訓一樣的辛苦，由於卡辛個性火爆乖戾，常常一句話還沒說完棍子就跟了過來；而卡辛超凡的技藝當然也不是隨隨便便就能學會的，扎實的基本工和切割技術的磨練總是讓這些學徒們手上鮮血淋漓。但是就在好不容易要出師之際，卡辛的壞脾氣卻又犯了，因為一點小小的失誤就把亨利掃地出門。

原本日子逐漸上了軌道的亨利，這下頓時失去了依靠，茫茫然不知道該怎麼辦才好。好險身在他鄉，猶太人彼此間總是多少有個照應，同鄉的詹姆很夠意思的把自己的店面讓了一個工作台給亨利，讓他至少能就此開張做起了生意——這是借勢還魂中的「借人情」之應用。

不過剛開店做生意，既沒什麼名氣、地點又縮在別人店面的一角，自然接不到什麼工作。整整二十三天過去了，他卻始終沒半個客人，每天過著有一餐沒一餐的生活幾乎已經快到山窮水盡的地步了。就在這個時候，老天爺給了他一個機會：有個貴婦路經此處，剛好戒指上的鑽石鬆動了，為了要趕赴約會，不得已只好找上這間最近的店家以尋求協助。

亨利一看到終於有生意上門了，自然開心的不得了；不過那個貴婦卻覺得這樣一個小攤子，怎麼看都有些奇怪，始終放心不下。於是便開口問他：「欸，你們這兒沒問題吧？我這可是很貴的，你可別用壞了。嗯……我還是不放心，你可以跟我說說你是跟誰學的手藝嗎？」眼看到手的鴨子可能就要飛了，亨利這時候已經顧不得自己是被卡辛大師掃地出門的學生了，一心只想留住眼前唯一的客人，當下說道：「我是卡辛的學生。」

很神奇的，這句話就像咒語，登時讓那貴婦眼睛一亮，態度來個一百八十度的轉彎；最後那貴婦滿意地離去了，開業以來第一筆錢就這麼入帳，而亨利也就此找到未來的方向：借勢還魂、借卡辛之「名」而成己之實。

於是他就打起「卡辛的徒弟」這麼個活招牌，開始闖蕩出名聲。除了有工廠找上門請他擔任生產線的配裝工作、私底下更是有接不完的首飾加工生意，在 1930 年代的經濟大蕭條中他卻居然過得還不錯，最後甚至自己開了間工作室。

不過工作室的規模畢竟不大，所能接手的事物也仍舊侷限在一般的加工或維修上；而回首過去數年來的成品，他驚覺唯一讓他放在心上念念不忘的卻是那個只花了 15 美元、做給心愛未婚妻訂情的戒指，那種愛的記憶是他一輩子都無法抹去的甜蜜回憶。突然，他想通了：何不擴大工作室的規模，成為一間專門生產訂婚、結婚戒指的公司呢？這在當時可還沒人做過這樣的生意呢。

不過要擴大規模，資金又成了另一個問題。即便他小有名氣，在當時不景氣的環境下仍舊無法順利的貸到錢，所幸他人面廣，銀行常務董事的夫人正好是他工作室的常客！於是他這次先借「人」後借「錢」，就這麼在逆境中順利的催生了「特色戒指公司」（Characteristic Ring）。

1935 年，另一個意外的驚喜又找上了門。隨著他的名氣逐漸傳了開來，哈特・梅辛格——這個當時最著名、號稱最精明的猶太珠寶商人的貴人就這麼出現了。由於他慕名卡辛的技藝以久，但又苦於應付他那個牛脾氣，所以當他知道「卡辛的徒弟」也有同樣超凡的手藝之時自然就立刻前來拜訪，並指定他為往後的特約供應商。從此之後，「哈特・梅辛格」的特約供應商又成了他另一個眩目的招牌，名流貴族、達官貴人紛紛慕名而來讓他借勢站上了顛峰。到了現在，特色戒指公司成為了美國當地最富盛名的珠寶設計公司。

曾經有個經營包包生意的西班牙商人厚著臉皮的跑去找他討教經營之道，那人這麼說道：「我每天都非常努力的工作！天還沒亮我就開始準備作業，到了晚上我也絕對是同行裡最晚打烊的。但為何我的生意始終沒有起色呢？再這樣下去我就要破產倒閉了！請您教教我到底該怎麼辦吧。」

亨利聽完後，沒有馬上給出答案，卻反問道：「先生，那您覺得做生意的關鍵應該是什麼呢？」那商人搔了搔頭，左思右想後給了一個最安全的答案：「勤勞吧，不是有句話說『勤勞的人與財富更加有緣』嗎？」

亨利當下笑著說：「如果您真這樣認為，那可就澈底的錯了。」看著那人吃驚的臉，他繼續說道：「做生意可不是種田，一分耕耘一分收穫對於做生意來說可不是絕對的事情。曾有個寓言是這樣說的吧：蜜蜂和蒼蠅同時不小心地掉入了一個紅酒瓶裡。勤奮的蜜蜂開始對著瓶子又叮又咬的，希望可以弄破瓶子好逃出去，但最後卻由於過度疲勞就這麼死在了瓶中；而蒼蠅卻完全與牠相反，蒼蠅落入了瓶子後，先是在裡面四處兜轉了一下，等到確定了瓶子非常堅固後，牠就重新找尋出路，最後輕鬆的從瓶口飛了出去。」

「你知道嗎，我曾有個下屬對我說過一句酒話：『老闆啊，我覺得我可比您勤奮的多了，但為什麼我始終沒有您這樣的成功呢？』而我也曾有個前輩這麼跟我說過：『這個世界上，大多數的人都很勤奮，但這些勤奮的人通常都很窮。』」亨利最後笑著說出了答案：「勤奮固然很重要，但是用對方法才是讓努力獲得實踐的手段；要懂得將手上的資源充分的利用，這樣才不會錯把精力丟到了完全錯誤的方向。」這個簡單的道理，卻實在值得我們去深思，如果懂得「借勢還魂三部曲」——借人、借名、借錢，便能為我們省下不必要的闖蕩成本，直接而有力的開往正確的方向。

稱霸錢海的世界船王——丹尼爾・洛維格

丹尼爾・洛維格——美國船王，他旗下的跨國公司規模之龐大是你難以想像的：信貸公司、旅館、商辦大樓、鋼鐵場、煤礦與石油的開採、以及石化工業等等，其中最讓人驚艷的是總噸位高達500萬噸的巨大船隊，這個數量可是一點都不輸給希臘的世界船王呢。

但你知道，他當初是如何從一無所有中白手起家的嗎。

1897 年出生在密西根州的他，從小父母離異，於是小小年紀就跟著父親搬到了德州的阿瑟港。由於每天看著船隻來來往往的，也讓他對船產生了濃厚的興趣。十歲那年丹尼爾從父親那裡借來 50 美元，將一艘沈入海底約 26 英尺的柴油機動船打撈出來，再用四個月的時間自已動手將它修好，最後透過承租給別人獲利了 500 美元；「借屍還魂」，海底的廢鐵到了他手上卻成了賺錢的寶物。

長大後的丹尼爾卻沒這麼好運了，不但找工作時處處碰壁，更是債務纏身，常在破產邊緣徘徊。在快四十歲的那年，他因為希望買一艘標準規格的舊貨輪來改造成油輪船，於是向銀行申請貸款；但他這麼個落魄小子，手邊根本拿不出適當的擔保品，銀行自然無法答應借款。

怎麼辦呢？這時候丹尼爾突然想起了自己小時候的那艘老破船，念頭一轉，他刻意以低廉的價格把船承租給了一家大型石油公司，接著他再跑去告訴銀行經理道：「我其實手邊還有一艘油輪正被石油公司承包著，我想每月的租金應該足夠償還貸款。不相信的話，我是可以把那家石油公司的名字給你們，歡迎隨時去察。」經過這番交涉，他終於借到了一筆錢。

丹尼爾算盤打得好，先是「借屍還魂」的把早已棄置的老破船變成了利器；接著又「借勢還魂」的利用了大公司的名聲作為貸款擔保。後來他就用這筆錢買到了那艘舊貨輪，並加以改裝使其變成一艘航運能力較強的油輪，然後又將它租了出去。

從此他找到了一種錢滾錢的方法，他利用租出去的船又換取了另一筆貸款，然後再買下一艘船。就這樣，買船、出租、貸款，以錢滾錢，卻不花自己半點成本。等到他用租金付完所有貸款後，他就真正擁有了一批數量龐大的船隊了。

而他這種「借屍還魂」的伎倆到最後已經可以說是爐火純青了。腦筋動得快的他，這次打算跟銀行借錢造船——不過他可不再是用別艘船作為擔保，而是直接把那個連龍骨都還看不到幾根的「虛擬船」作為擔保品。方法說穿了很簡單：他先是替這艘「建造中」的船找好了願意承租他的客人，並拿著這張租約找上銀行借錢，並要求銀行在船正式下海後才開始完整的還款計畫。

照理說，這種作法銀行是不可能接受的。但由於丹尼爾之前長期與銀行配合，信譽良好；同時一紙租約也提供了另一層保障，就算丹尼爾跑了，至少還可以向承租人討債。於是他的船隊又更加龐大了。

到了1950年代，二次大戰結束後美國國內的工資、物價、稅收等成本都不斷的飆升。為了降低成本，丹尼爾這次把眼光放到了戰敗的日本上，看中它戰後的蕭條與百業待舉的強大潛力；他首先在日本建造了造船場與碼頭，接著用同樣的方式在各個成本較低的利比亞、巴拿馬等地大肆興業，最後藉著這些「屍體」建造起他龐大的船務帝國。

十五、先拔了你的牙再說：調虎離山

虎落平陽被犬欺

——《管子．形勢解》——

「虎豹，獸之猛者也，居深林廣澤之中，則人畏其威而載之。人主，天下之有勢者也，深居則人畏其勢；故虎豹去其幽而近於人，則人得之而易其威。人主去其門而迫於民，則民輕之而傲其勢。故曰：虎豹託幽，而威可載也。」

最早出現「調虎離山」概念的，或許可從《管子》中略窺一二。他講到上位者就如同虎豹一樣，當他遠離民眾藏於威勢之中時，人們會因為懼怕而順從他；一旦他離開了隱密的環境而與人們親近，那人們就不會怕他反而會欺負他。

當時這還不是一個很具體的戰略應用，直到了明代時才成為了一個明確而普遍的戰略用語。

——《封神演義．第八十八回》——

姜子牙率領周武大軍連破商紂數城，到了蠅池卻遇到了巨大的阻礙。蠅池守將張奎與其夫人高蘭英，夫妻同心其利斷金，兩人聯手緊守此縣城造成了周武大軍的菁英接連折損，就連大將土行孫也成了張奎的手下亡魂。

正當姜子牙不知所措之際，忽然外面來了個小道童求見，原來是土行孫的師父懼留孫捎來了信，信中寫道：「吾徒土行孫死於張奎手下，也算是他命數該絕，怨不得人。不過張奎也囂張不了多久啦！」信後他獻上了一條調虎離山之計。

姜子牙看罷，撫手稱快。當下對各將領下達指令：先派哪吒與雷震子飛到蠅池城上空待命、再派楊戩拿了懼留孫送的神符領楊任與韋護前往黃河待命。

佈署完畢，姜子牙邀了周武王一同前往蠅池城下觀看軍情。

兩人來到城下，姜子牙在那邊裝模作樣的對蠅池城比手畫腳的說道：「大王啊，我看這城要攻下不難，只要調來轟天大砲一發打爆了他們就好呀！」武王仁厚，不知道姜子牙是在演戲，認真地說道：「此事萬萬不可，萬一傷了城中無辜百姓可又如何是好。」

這邊一主一僕正在唱戲，城裡面的張奎可看得七竅生煙，心想：「好啊，你這可是笑我只敢待在城裡當縮頭烏龜是吧？居然侵門踏戶地踩到我城下來了。」當下領了一隊騎兵，開門追了上去，口中大喊：「姬發、姜尚，今天要了你們的狗命！」

姜子牙一看大喜，當下拉了武王就跑。張奎看兩人逃得慌張，周營內又無人出來接應，更是放膽直追而去。

不料一出了三十里，周營忽然金鼓齊鳴，三路大軍直衝蠅池城下。張奎雖然心知不妙，但眼下退路已斷，只能擒下姬發好挽回頹勢。

再說到蠅池城內的副將高蘭英，眼看老公孤軍深入正心急之間，忽然天將神兵，哪吒與雷震子雙雙來戰。一向和老公合作慣了的她，當下一個失神就這麼魂歸天外去了。

調虎離山一計功成，張奎去、高蘭英亡，蠅池城很快就被攻了下來。而哪吒眼看事成，當下急飛而去以解武王與元帥之危。

再說到張奎，正追逐間，忽然聽到身後呼呼風響；一回頭，哪吒手中槍尖已經刺到了眉梢。張奎不愧也是一員猛將，身子一仰、翻身下馬，隨後往土中一鑽遁了開去。

張奎深知蠅池已失，失了城池的屏障，他現在只有虎落平陽被犬欺的份了。哀怨間，一抬眼卻又看到楊任正騎著雲霞獸，透過獸眼的炯炯神光穿地向他這兒望來；這一驚非同小可，當下駕著土遁就往朝歌方向的黃河鑽去。

誰知，才到了黃河邊，楊戩早在那邊等著了。指地成鋼的神符一擺，張奎頓時感到四周之土成了銅牆鐵壁，把自己牢牢困在其中。韋護更不待言，祭起降魔杵轟將下來，張奎登時灰飛湮滅屍骨不存！

拔牙手術台

調虎離山，為什麼要把老虎引離了山呢？

目的有兩個，一個是老虎離開了山，登時虎落平陽被犬欺，少了山林的保護正可以讓我們掌握主控權，一舉將之除去；而另一個原因，則是老虎一旦離了山，山林裡就少了老虎的保護，這時候我們上山不論是要打狐狸、抓猴子、還是要擒虎崽都可以橫行無阻、任意而為。

把調虎離山拆開來看：「調」是全計的重點，不論是以何手段，只要能成功引走老虎，計策就成功了大半；「虎」則是指對我們而言最具威脅性的對象，或許是競爭對手的領導者、也或許是敵方計畫要搶攻市場的主力商品、抑或是對方身邊強大的合作夥伴與得力部屬；至於「山」，則是對手最有利的屏障，就商場而言往往就是指其主力產品所霸佔的市場。透過虛實掩映的手段，誘使敵手暫時放下自己的強項而轉戰不熟悉的領域，如此才能方便我方入虎穴、得虎子，甚至最後再來個回馬槍一舉殲滅對手。

「使不了調虎離山計，當不得將軍八面威」。調虎離山計可以說是商場中最常用的謀略之一，一味的攻擊往往只會換來更堅實的防守；要掌握主動權，就要懂得如何調動對手。常用的手段依情況而異，一般常見的方式是在外部製造壓力，藉由威脅敵方的第二主力市場，迫使對手不得不離開老巢還擊我方，從而露出破綻；再者也可在敵方內部製造混亂，誘使對手主動驅離有力部屬而自毀長城；也有一種作法是在講價過程中，利用假標價的方式來試探對方虛實，待對方卸下戒心後再坐地起價，讓對手在底牌盡現的狀況下失去防守依據。總之，不論手段是優是劣、是光明正大還是卑鄙下流，只要不犯法、不違本，能調動對手的就是好方法，能賺到錢的就是好手段。

何必上山打老虎

日本第一——三菱集團

目前日本六大財團中位列第一的，就是三菱集團。三菱集團是由明治時期的紅頂商人——岩崎彌太郎於 1870 年創立的三菱財閥所演變而來的。二次大戰期間，三菱財閥大賺戰爭財，使他成為日本三大財閥之一——1874 年日本出兵台灣，彌太郎趁機向日本政府承包一切軍需輸送工作，同時更大量製造飛機以援助日本政府，珍珠港事件中著名的零式戰鬥機就是出自三菱財閥的手筆。

不過也因為如此，二戰結束後，身為戰敗國的日本不得不接受同盟國的命令解散了三菱財閥，被分割出來的各家公司都各自成長茁壯，直到美國對日政策鬆動後才又重新集結成鬆散的三菱集團；旗下包含了 Nikon、Mitsubishi Motors 等三百多家知名企業。

三菱財閥最後的解體，只能說是非戰之罪，在此也沒什麼好討論的；但三菱財閥崛起速度之快，岩崎彌太郎與其弟岩崎彌之助可以說是功不可沒。

青年時期的岩崎彌太郎在少林塾學習時認識了後藤象二郎，於後又透過後藤象二郎認識了坂本龍馬，這奠下了他與維新政府良好關係的基礎。

1868 年德川幕府倒台，正式進入明治元年，岩崎彌太郎原本參加的土佐藩大阪商會脫藩改制成九十九商會，由彌太郎主管海運，得到了三艘船隻的使用權，開始經營大阪－東京、神戶－高知的海運事業；1870－1873年，在明治政府中心人物的後藤象二郎支持下，彌太郎承接下土佐藩原本的債務，並以此換得了兩艘船，並將商會轉化為個人資產更名為「三菱商會」。

1874年日本出兵台灣，彌太郎從中大發利市，後來居上的超越了原本的兩大財閥三井、住友，並從海運為中心，將事業範圍擴大到匯兌業、海上保險業、以及倉儲業。

三菱在海運事業上的坐大，受到影響最深的是三井物產，它們由於沒有搶到戰爭的運輸市場，船隻數量始終無法增加而一直維持在三艘左右，因此當公司的物流量增加時也只能向三菱租用船隻。但依照三菱的規定，所有使用他們物流的貨品，從運輸、保險、到最後的倉庫，都必須透過三菱自家的企業才行，因此除了船隻70萬元的租賃費用外，幾乎所有賺來的錢都還要再被三菱撈上一筆。

這對三井來說無疑是巨大的羞辱，於是三井創辦人益田孝請出了第一銀行的總裁澀澤榮一作為靠山，私底下結合了那些無法坐視三菱獨霸的船主、批發商、貨主以及政界名流，準備成立「東京風帆船會社」來和三菱一較高下。

一呼百應，結合了政商巨頭的「東京風帆船會社」可以說是來勢洶洶，三菱當時雖然獨霸一方，但相較之下總顯得勢單力孤。於是彌太郎當下決定要來個「調虎離山」，先拔了三井的虎牙再說。

首先彌太郎找來好友報界大亨大隈所援手，大量散佈不利於澀澤榮一的謠言，指稱他和三井之所以籌組東京風帆船會社，是因為他們之前在稻米的投資上捅出了簍子，現在只好向大家身上撈錢來補貼這個漏洞。經過長時間的報導，底下的商家們開始動搖了起來；接著，他們更大量收購東京股票交易所的股票，逼使身為交易所總裁的澀澤榮一辭去職務，削去他的頭銜。

然後，他開始在三井派的內部製造混亂，先用厚利引誘地方資本家們的背叛，讓他們一個牽一個的紛紛倒戈抽離資金，至使東京風帆船會社的資本額銳減為17萬。最後，他開始用低運費引誘商行企業脫離三井一派、甚至大力挖角三井本身的船員。

就這樣，三井的虎牙一顆一顆的被拔了下來，原本如日中天的氣勢到了最後非但無法與三菱抗衡，反而是慘澹收場。

不過到了1881年，三菱和三井又展開了一場大戰。

1881年，三菱背後的政界大老大隈重信失勢下野，改由伊藤組掌權。伊藤一派為了避免三菱背後的政治人物借勢重生，因此結合了三井成立「共同運輸公司」要搞垮三菱公司。

三井這次的重新站起，有一半的資金都是來自政府的出資，換句話說，這已經演變成了一場政府與民間企業的鬥爭。

彌太郎深知，背後有政府撐腰的三井實力雄厚，絕對有實力與自己一較高下，想要除掉三井，就一定要先從「政府」這顆虎牙拔起——就如我們所知的，公家單位雖然掏錢不手軟，但是在經營面上有其致命的缺點：一是產值低下，反應遲鈍；二是必須顧慮民意的動向。

於是彌太郎決定：用價格戰，利用削到見骨的方式，讓對手產值低下的問題大幅度地發酵。而自己則透過公司重整、大幅裁員、減少航班、緊縮支出的方式減少傷害。

果然，三菱雖然元氣受損，但共同運輸公司不但股值慘跌，就連人民都看不下去了，紛紛抗議政府胡亂投資做無謂的競爭。最後政府不得不讓步，讓三菱和三井於1885年簽下共同協定，對運輸費用做出統一的規定。

不料協定簽下兩天後彌太郎突然猝逝，三井以為機會再度來臨，單方面撕毀協議又開始打起了價格戰；而政府方面更是樂觀其成，想要一舉瓦解三菱獨霸的局面並討回之前的怨氣。

彌太郎的弟弟彌之助在烽火之中接下大任，一方面他和哥哥一樣重整公司財源；另一方面他更抓住「三菱是賣國賊」——這句由農商大臣西鄉從道因不滿三菱獨霸而說的話大作文章。指出：「如果三菱是國賊的話，那就把三菱的船都燒掉吧，看日本是否還能支撐下去！」

一開始，政府還以為彌之助他們只是在放空話威脅政府，等到他們收到消息，聽說三菱正把船隻聚集到品川外海時才開始著急了起來：天啊！萬一三菱真的把船燒了，民意一定會把政府趕下台的！

於是政府不得不有了動作，先是把三井一派從共同運輸公司踢除。接著與彌之助密談，答應將兩家公司合併為「日本郵船」歸三菱集團所管理，而三菱的船運事務歸於政府名義之下，化對立而為合夥。

岩崎家兩兄弟可以說是「調虎離山」的高手，面對來勢洶洶的對手他們都先力求站穩陣腳而不是與對手對放，接著他們直接拔了對手背後的樁，甚至化阻力為助力，把對手最強勁的幫手納為己用。

咕嚕，痛快暢飲！——美樂啤酒

美樂釀酒公司（Miller Brewing）原本是由弗雷德里克．美樂於 1855 年成立，於 1969 年被菲利普．莫里斯公司（Phillip Morris, PM）所併購。

菲利普．莫里斯公司又是什麼來頭呢？它是世界上最大的煙草以及包裝食品的公司，旗下的萬寶路香煙、麥斯威爾咖啡、卡夫食品（包括 Oreo、RITZ、可口奶滋、可口脆笛酥、歐斯麥、瑞士三角巧克力等），各個是叫的出名號的大牌子。

1969 年由於受到「反煙運動」的影響，為了分散投資於是買下了當時在啤酒市場排行老八的美樂啤酒，並派出了原本屬於萬寶路的營銷好手打算搶進原本就已經逐漸形成寡頭獨佔的啤酒市場。

當時的市場主要是由安海斯．布希公司（AB）的「百威」和「麥可龍」所獨霸，佔據了約 25% 的市場，排行老二佩斯特的「藍帶」則佔了 15%。而當時吊車尾的美樂只佔了 6%，根本沒有什麼和眾廠商競爭的資格。

於是它開始進行全面的市場分析，它們發現如果簡單的把消費者分為兩類：輕度愛好者和重度愛好者，那麼輕度愛好者的數量雖然遠遠高於重度愛好者，可是重度愛好者的總飲用量卻是輕度愛好者的八倍之多。換句話說，他們的主力客群很明顯的就是這一群重度愛好者了。

得出這樣的結果後，那麼接下來，就是要把敵人引離開這個主要戰場。

PM 公司想到的方法，就是順應當時逐漸流行起來的健康風潮，開始研究起低熱量啤酒。其實在此之前，市面上早就已經有低熱量啤酒的存在了，只是當時的低熱量啤酒的研發者只想到了「要給節食的人喝」，卻沒有想到這些人是不是愛喝啤酒，所以做出來的啤酒味道其實和原本的啤酒不太一樣，也因此始終沒什麼人愛喝。

於是它們發誓要做出愛喝啤酒的人想喝的低熱量啤酒，1973 年美樂淡啤酒（Miller Lite）終於問世了。

美樂把廣告重心放在以下三點：

一、淡啤酒的口感就和一般啤酒一樣好，不，絕對更好！

二、低熱量啤酒絕對不會讓你肚子發脹。

三、它們請來猛男明星代言，讓人既不用擔心「低卡」失去男子氣概；同時會以為自己可以放膽的喝，就像電視上的猛男一樣能夠擁有好身材。

隨著淡啤酒的上市，廣告鋪天蓋地地推展出去。剛開始其他啤酒公司還冷嘲熱諷的說：「PM 根本不懂啤酒市場，這次鐵定要栽個跟斗，它十分不慎重地進入了一個根本不存在的市場裡」。想不到 PM 的美樂很快就用鈔票把這些人的嘴塞住了，短短兩年間，到 1975 年後，美樂淡啤酒已經成為全美第三大啤酒品牌了。

龍頭老大的安海斯．布希哪裡忍的下這口氣，於是也推出了自家的品牌「天然淡啤酒」，其他廠商自也是紛紛跟進。

PM 這下可樂了，調虎離山之計隱然成功了一半。而由於它本身財大氣粗，又有先佔優勢，根本不怕美樂淡啤酒的市場被搶走。

為了殺回主力市場，PM 買下德國的高級啤酒 MGD 的特許品牌，作為高價產品；而原本美樂自家生產的高級啤酒、素有「啤酒中的香檳」美稱的「海雷夫」（High Life），則降級成為中階產品，獻給最為廣大的消費群眾。

PM 的策略成功了，美樂啤酒的兩個全新概念品牌一推出，馬上受到所有消費者瘋狂的喜愛，不同領域的消費者都獲得了滿足。接著 PM 更趁勝追擊，推出了小瓶裝的海雷夫啤酒，既可以讓重度消費者在啤酒最冰涼的時候一口喝乾、又可以讓低度消費者淺嚐品味。其產品幾乎成功的囊括了所有啤酒市場的定位了。

於是到了 1978 年，美樂啤酒居然已經成為了啤酒市場的老二，其名下的「海雷夫」位居銷售量第二，美樂淡啤酒則名列第三，可以說是大獲全勝。

安心食品的摩斯漢堡

在台灣，速食一直都是人們最愛的飲食選擇之一，不論是麥當勞的雙層牛肉堡、肯德基的薄皮嫩雞、還是摩斯的米漢堡，這些與我們生活息息相關的食物背後卻也有著它們自己的故事。

1984 年被引進台灣的麥當勞，開啟了當時速食產業的一股旋風，時值台灣經濟正快速起飛，開在民生東路的第一家麥當勞，其單日營業額就創下了 100 萬的驚人記錄。於是速食業的戰火就這麼被點燃了，來自美國、日本、義大利、法國、加拿大、墨西哥等世界各國的廠商紛紛進駐，當時肯德基、溫娣、儂特利、德州炸雞、哈帝、明治漢堡、寶萊尼、A&W……所有你聽過或根本沒聽過的速食店一個接著一個的冒了出來，就連台灣本土都出現了頂呱呱、香雞城等自家品牌。1986 年時台灣居然就有超過二十七家的速食品牌在迅速擴展。

不過到了 1989 年，隨著台灣的經濟成長趨緩，市場已經無法負荷這麼大量的速食業者；再加上各個速食業者的品牌區隔做的不夠明顯，唯有最早進入市場的麥當勞、肯德基順利存活了下來並持續擴展，其他的業者不是面臨倒閉、就是不得不縮小經營規模到最後逐漸被人淡忘。

而就在麥當勞、肯德基逐漸獨霸速食市場之時，東元集團的安心食品於 1991 年與日本的摩斯漢堡合作，以 7：3 的合資方式把摩斯引進台灣。

而有趣的一點在於，摩斯漢堡其實在日本的時候與一般的美式速食店並沒有什麼不同，主食是「麵包漢堡」，配料則是飲料、薯條、炸雞等等，和麥當勞、肯德基的產品區隔不大。

來到台灣後，由於起步較晚，面對台灣幾乎由麥當勞與肯德基寡佔的市場，它們必須要重新擬定行銷方針才有出頭的機會。

首先，它們研究麥當勞和肯德基的品牌區隔，兩者雖然同樣都有販賣漢堡、炸雞，但麥當勞的主力還是放在以漢堡為主軸的產品開發，與摩斯漢堡的競爭性較為強烈；而肯德基則把重點著焦於炸雞相關產品的開發，與主打使用紐西蘭牛肉的摩斯有較為明顯的市場區隔。換言之，麥當勞正是摩斯的主要敵人。

為了避開在麥當勞的主力市場——「漢堡」上面做競爭，摩斯漢堡開始研究台灣當地的飲食習慣和原產地的豐富食材，終於推出了一款首開全球先例的產品「米漢堡」！

為了與這種全新產品做搭配，摩斯營造出了一個完全與美式速食店完全不同的日式速食餐廳，主打休閒、品質、健康。在較為空曠而舒適的餐廳中，享用由新鮮素材現做的米漢堡，搭配上速食業者從未引進過的生菜沙拉——這完全擊中了部分現代人追求健康與高品質享受的偏好。

米漢堡一推出，立刻風彌全台，成為了摩斯漢堡最主力的商品。而身為速食業龍頭的麥當勞一向奉行老二哲學，當然也見機入市，於 2005 年一腳踏進了米漢堡的市場。

只不過摩斯米漢堡的成功模式根本不是麥當勞學得起來的：一者，摩斯追求食材的新鮮與健康，大量使用台灣在地素材，而麥當勞則為因應制式流程造成食材受到限制；二者，摩斯講求現點現做，與麥當勞追求效率的製作流程完全不同，因此口感與味道當然大異其趣；三者，麥當勞的口味偏向美式，研發出來的產品多是重油重鹹，造成了麥當勞的米漢堡很容易出油而違背了健康取向。

不久，麥當勞在米漢堡的市場以停售收場，而摩斯則藉由和麥當勞在米漢堡市場上的競爭，建立了良好的品牌忠誠度，間接的打開了自己一般漢堡的市場並快速成長。2010 年時摩斯漢堡已經成功的站穩自己的腳步，打敗肯德基，站上了速食業第二把交椅的位置。摩斯的例子讓我們看到，與其上山打老虎，不如把老虎請下山來騎吧！

十六、放長線，釣大魚：欲擒故縱

老子的道理

——《道德經．第三十六章》——

「將欲歙之，必固張之；將欲弱之，必固強之；將欲廢之，必固興之；將欲奪之，必固與之。是謂微明，柔弱勝剛強。魚不可脫于淵，國之利器不可以示人。」

就像折棉被一樣，你想要收攏它，就一定要暫時讓它張開來；就像割草一樣，如果你想削剪它，那就不能讓他軟趴趴的躺在那兒，而是要暫時把它拉直、賦予它剛強；如果想廢棄一棟建築，那麼就要用盛大的焰火來葬送他；如果你想釣到一條大魚，那就要先用上好的魚餌引誘牠。

這些幽微的道理卻是大明於世間萬物，簡單說起來就是剛強不可久的道理。就像魚如果脫離了水就無法存活，如果背離了這個道理而張揚自己的強盛，那麼就必定會自取滅亡。

「欲擒故縱」，據說最早的緣由就是來自於《道德經》，於後才逐漸被轉化成爾虞我詐的戰略之用。

例如《鬼谷子》所說的「去之者縱之，縱之者乘之」，就是在講述：如果想除去一個人，那麼就盡量地放縱他，當他縱慾過度而觸法之時，就可趁機將他除去。

又或者如《百戰奇略》中所說：「凡圍戰之道，圍其四面，須開一角，以示生路，使敵戰不堅，則城可拔，軍可破。」大意就是說，當你逞軍威之盛而圍困敵軍之時，切不可將敵軍圍個密不透風；唯有刻意留下一條生路，才可以動搖敵人的心智，讓他們失去背水一戰的意志。這樣才能夠在最小的抵抗下殲滅對方。

換句話說，這些都是在說欲擒故縱的應用巧門，足見世間之「道」，一法通、萬法通，老子才是硬道理。

凡事留一步

你是否釣過魚？

懂釣魚的人都知道，當看到大魚上鉤之後是不能急著收竿的。因為魚越大，掙扎的力量就越大，如果硬是要和牠拉扯，最後往往賠上的反而是自己的釣竿。聰明的方法是慢慢收攏釣線，一收一弛，讓牠適度的感到拉力而掙扎，最後待牠筋疲力盡後就能輕鬆的把牠釣上岸了。

欲擒故縱正是這個意思，不論是窮寇莫追、逼虎傷人、還是狗急跳牆，其實都是在告訴我們切不可把敵人逼的太緊，否則在對方無計可施的情況之下背水一戰，最後我方即便勝了卻也必須付出慘痛代價。

因此欲擒故縱應用在商場的競爭對手上，是一種適度的「收」「放」關係。但千萬要記住「縱」只是一種手段，「擒」才是最終目的；如過沒有絕對的把握能夠掌握對手的行步舉措，那麼最後放過頭，可就成了縱虎歸山而得不償失。

欲擒故縱放到了市場中的廣大消費者上，那就成了一種「授」「受」關係，透過給予消費者適度的好處，建立起企業與顧客的良好互動。常用的方法有二：

其一是優良的服務，培養出顧客對於企業的信賴與忠誠。這邊要注意的是，除了在產品交易的當下外，售後服務的好與壞往往更能決定消費者對企業評價的優劣。

其二，則是透過大量的降價、試賣、贈品等等利多的釋出，減少消費者對於產品的進入障礙；等到培養出顧客的消費慣性後再伺機漲價，被消費習慣所綁架的顧客這時也就不得不乖乖就範了。正所謂放長線、釣大魚，正是如此。

而欲擒故縱放到了自身上，其實講的就是一種「自我節制」的能力。當聲勢日盛之時，又有多少人能夠想得起「驕兵必敗」的道理；尤其是商場的競爭廝殺中，機會稍縱即逝，如不能把握機會全力擴張、擊敗對手，那麼倒楣的或許反而會是自己。於是我們會看到很多企業在如日中天之時，不計代價的要在各個領域當個全方位的霸主，但最後卻往往是挖東牆、補西牆，在某些領域只能以慘賠收場。

因此，欲擒故縱與其說是放別人一馬，倒不如說是放自己一馬，腳步緩了、心情靜了，之後才能做出正確的判斷。

同樣的，欲擒故縱的變相用法，正是利用同樣的原理來引誘對手，讓其因驕傲自大而做出錯誤判斷，因自曝其短而自取滅亡。

最後，把欲擒故縱用到了員工、以及合作夥伴上，就是「讓利」。對員工來說，配股、分紅、獎金制度等等，都是以小錢換大利，刺激員工全力打拼的聰明手腕。

至於對合作夥伴而言，合作時若能好言相待、施以小惠，那麼往往能夠換得一次衷心的完美合作；即便談破破裂，那麼合作不成仁義在，彼此若能下個好臺階，往後就還有再見面的日子，對於企業的永續經營絕對有所助益。

甜頭比拳頭更有效

閃耀全球的日本七星

七星，是目前日本最大、也是世界上排名第二的香煙品牌，隸屬於日本煙草產業株式會社（Japan Tobacco, JP）。JP 於 16 世紀煙草剛進入日本時就已經成形，到 1898 年成立了目前的公司，雖然期間有所變動，但基本上屬於一國有企業。

1977 年，七星推出了「SEVEN STARS」品牌在國內銷售，由於具有國營性質、加上熟習日本國內的偏好，因此 SEVEN STARS 一推出就獲得好評；加上 1970 年代早期，日本戰後經濟復甦正達到高峰，SEVEN STARS 鎖定高端消費族群推出的經典口味更是在短短一年內就成為了市場上的領導品牌。

SEVEN STARS 在日本國內獲得了完美的成功，於是 1981 年七星公司打算推進海外市場，打出了「MILD SEVEN」的全新品牌；相較於 SEVEN STARS 是偏向高端族群，MILD SEVEN 則為了要在世界各地銷售，是屬於比較大眾的價格與口味。

不過即便確定了市場定位，他們並沒有被成功給沖昏了頭而躁進出擊，而是開始審慎評估起行銷方針。這是由於他們深知在國內的勝利並不足以保證能在海外成功立足，尤其是在早已有產業龍頭盤據的歐洲市場，要殺出一條血路並不是一件容易的事情。

於是他們先壓下了 MILD SEVEN 品牌的上市日程，而對歐洲名流展開了調查，鎖定那些曝光度高的煙槍子後，他們用每個月免費送兩條 MILD SEVEN 香煙的方式作為首波的行銷方針。

這些名流包含了：倫敦著名電視評論員雷吉斯．漢諾、巴黎服裝設計大師洛尼．普林斯尼、西班牙著名作家唐普拉、法國汽車設計師柯林曼等。七星公司對這些自視甚高的人們用上了拍馬屁的方式，一方面吹捧這些人的豐功偉業、另一方面則是利用 SEVEN STARS 在國內高品質的形象，告訴這些名流「只有一流的香煙才配得起他們這樣一流的名人」。

樂陶陶之下，這些名人們開始抽起了七星的香煙，而七星本身的好品質當然也沒讓他們失望。歐洲一百多個城市、每個城市三十位名人、每位名人兩條香煙，七星公司每個月必須投注 2000 萬日圓在這些免費提供的香煙上；數字看似驚人，但效果卻遠遠超過這 2000 萬日圓的價值！由於名流的高曝光度搭配上他們背後所象徵的身分印象，市面上很快地就就有人不斷詢問：「這到底是什麼牌子的香煙？為什麼我都買不到！」

於是，當 MILD SEVEN 正式推出時，立刻被市場搶購一空，因為大家發現到：原來不用花很多的錢，就可以享受名人抽過的香煙！

MILD SEVEN 在眾人的印象中早就是高品味的象徵，因此當它以大眾價格為定位售出時，非但沒有降低民眾的購買慾望，反而更刺激了人們「又好又便宜」的心理而使得產品不斷熱銷，為它打下了世界第二大香煙品牌的基礎。

「欲擒故縱」在此可以說是用的巧妙無比，首先是讓這些名流吃吃甜頭，從中賺取了他們的免費代言；接著又讓一般大眾因為「名氣」與「價格」的落差自以為賺到了甜頭，但實際上卻還是讓香煙公司大發利市。一去一回之間，捨對了方法，就能換得最豐厚的報酬。

風光明媚配上紙醉金迷？

紙醉金迷往往是人們用來形容賭場的話語，而說到賭場，人們第一個想到的必定就是美國東西兩大賭城：拉斯維加斯、以及大西洋賭城。

位於西部內華達州沙漠地帶的拉斯維加斯大致是於1854年逐漸形成的賭博聚落，由於當時西部的「淘金熱」吸引了大批夢想一夕致富人們前來，因此賭博就成了這群在夢想與失落中的人們最大的慰藉。1931年適逢美國經濟大蕭條，內華達州政府順勢將賭博合法化，把原本不受控制的地下賭博事業納入了政府控管之下，拉斯維加斯就此成為了世界最大的賭城，每年幫州政府賺進數億美元的稅收。

不過即便有拉斯維加斯這麼成功的例子，「賭博」本身的爭議性使得其他眼紅的各州卻遲遲未敢跟進。從數據上來看，內華達州的犯罪率一直居高不下，十多年間上升了170%；而酗酒率也是全美之冠；自殺率更是高達了平均值的一倍以上。如果位處偏僻的拉斯維加斯都已經受到賭博這麼巨大的影響了，把同樣的營利模式引進人口密集的大都會區域——例如紐約——那又會如何呢？

第二次世界大戰之後，美國一度陷入經濟衰退，位於美國東岸紐澤西州的大西洋城受到這波影響，因為人們沒有多餘的錢可以消費，而從原本繁華的觀光勝地逐漸變成了貧民窟。1976年，紐澤西州為了振興經濟於是舉行公民投票來決定是否將賭博合法化，最終的結果是以些微的差距通過了這項決定。全美大二大賭城——「大西洋賭城」就此誕生。

不過即便公投通過了，大西洋賭城仍必須面臨兩個實際的問題：一是上述所提到的，賭城可能會帶來的社會問題；另一則是必須從已經赫赫有名的拉斯維加斯手中搶走客人。

第一個問題最後是靠政府的強力手腕解決的。透過政府嚴格的審批制度，讓進駐的博奕集團受到最大程度的限制，避免了黑道的介入以及過多商家林立所造成的混亂。

第二個問題的解決方式，則很大一部分受惠於處理第一個問題時州政府強力介入的體制。為了重新吸引大量的觀光客，大西洋賭城採取了和拉斯維加斯較為不同的作法：

首先，由於州政府的介入，掛牌經營的賭場基本上都維持著一定的正派作風，他們不希望把賭場變成藏汙納垢的無底黑洞，而是希望讓賭場與當地原有的觀光產業做結合，成為一個帶有強烈附加價值的產業。

因此，除了賭博產業外，當地為此更設立了不少相對應的周邊觀光產業，例如鄰近大西洋的景觀旅館、國際精品進駐的 outlet、濱海活動中心、大型購物商場、以及各式各樣的美味餐廳等，除了帶來三萬多個全新的商機外，更藉由擺脫「罪惡都市」的形象吸引了大量的一般民眾攜家帶眷前來遊玩，刺激了當地的消費市場。

而透過政府從中協調，各產業也一同釋出了大量的利多來吸引消費者：其一，就是「幾乎」免費的接駁公車。由於大西洋城和紐約、費城、底特律等大城位置相近，從紐約過來還用不上兩個小時的時間，而各個鄰近城市也都有相對應的接駁點。另外這些接駁公車的來回車資基本上都在 13 美元左右，有的時候甚至還會有免費招待的情況。

其二，只要搭乘接駁公車來到大西洋城，進入賭場後就可以拿到 25 美元左右的回饋金，換句話說，折算掉車資，居然還倒賺了 12 美元！因此吸引了不少整天沒事的婆婆媽媽們，無聊時就搭著車子跑來大西洋城遊玩。而一旦來到這裡，卻也幾乎沒有不花錢的！回饋金其實是一種陷阱，讓人們對於所花的錢有所麻痺，總以為「其實我已經有賺了」，於是不知不覺間就多花了一元、兩元，養肥了賭城裡的各式經營者。

其三，賭場大部分都提供了遊戲者申請VIP Card，透過這張卡，所有在賭場裡面的遊戲時數都會轉化成點數，之後可以隨意的應用在住宿以及兌換一些免費的餐點，成為了吸引消費者花錢賭博的最大利器。

透過以上三點，大西洋賭城開業不到十年，就隱然有超越世界第一賭城拉斯維加斯的氣勢，為大西洋城的觀光產業帶來了每年三千萬人次的遊客。不論是小賭怡情、還是大賭投機，所有的人來到這邊都能找到最舒適的位置。欲擒故縱在這邊可以說是用得巧妙，本來張口吃人的獅子透過巧妙的化妝，成了可愛動人的小綿羊，於是人們不知不覺地就會向它靠攏，成功拉近了賭城和一般民眾的距離。

一種朋友的感覺——星巴克

走在台灣，當你想要歇腳休息時，第一個想到的會不會就是星巴克呢？不論在台北的信義區、或者是偏遠的阿里山上，星巴克就像是一個隨時張開雙臂迎接著客人的大家庭一樣，你隨時可以在裡頭放下沈重的背包，坐下來，享受一段悠閒的時光。

1971年，在美國西雅圖起家的星巴克，如今它標誌上的綠色美人魚已經漫游在世界各地，總共一萬五千間的分店，而未來更打算朝四萬間分店的目標邁進。2011年《財星》雜誌公布的五十大最受尊敬企業中，星巴克名列十六，不過這殊榮對多年進榜的它來說早已見怪不怪了。

探討星巴克成功的研究很多，說法更莫衷一是，不過就先讓我們看看身為董事長的霍華德．舒爾茨是如何看自己的成功的。

1982年，霍華德由於工作關係來到西雅圖，因而認識了星巴克這間當初還只賣咖啡豆的小店面，因為喜歡店裡帶給人溫和、體貼以及追求品質的風格，因此說服星巴克的老闆讓他加入成為市場營銷的總監；到了1987年，霍華德乾脆自己買下了星巴克來全力施為一番。

眼看著今天的成功，霍華德認為一切除了要歸功於星巴克不斷的創新產品，另一個重要的因素就在於——員工。霍華德認為員工是站在面對顧客的第一線，沒有好的員工，就無法完整的體現出星巴克咖啡在每一個過程中的堅持與努力。因此，與員工的「夥伴關係」成為了星巴克成功的關鍵，就如同他自己所說的：「公司成功的本質，就是直接對員工服務」。

星巴克提供給員工的福利包含了員工配股以及醫療保險福利——就連兼職人員都

可享有這種醫療保險，這對於美國、即便是台灣來說都是一種少見的異類作法。

而在員工訓練方面，星巴克要求員工必須先受過一定程度的專業訓練才能上吧台，而這些訓練中，除了教導員工對公司的文化、歷史產生認同外，了解咖啡、精熟手藝、學習服務也都是必修的課程，務求讓員工在和顧客的交流中，都能夠顯露出公司的專業以及對品質的自信。「如果說有一種令我在星巴克感到最自豪的成就，那就是我們在公司工作的員工中建立起了一種信任與自信的關係。」霍華德說過的這段話，其實表現出了一種公司、員工一體的打拼精神，對於以服務起家的星巴克來說，服務好員工，就等於服務好顧客，也因此才能讓他們的服務在世界暢行無阻。

另外，除了霍華德認為的「產品創新」、「服務員工」這兩大優勢外，一般認為星巴克成功的原因就在於它做到了「體驗行銷」——透過站在消費者的角度構思，體驗顧客：為何購買？如何購買？購買時的心情等感官、情緒、思考，藉此重新評價經營方式。而通過一次次的體驗校正，讓消費者的感受得到滿足，將可刺激他們基於快樂而增加消費的慾望。

簡單說來，就是一種以服務為主體的經營方式。但更進一步來說，「體驗行銷」要求必須讓顧客的體驗和他的生活方式、心理感受、社會價值等重構成為一個主題式的整合，讓星巴克在人們的回憶中佔有一個獨特的角落。

因此，星巴克的每一家店面，除了對咖啡的品質有一定水準的要求外，更重要的是在不同的展店位置，針對周圍的文化、建築、客源做出不同的店面環境設計；而受過專業訓練的員工更是訓練有素的提供流暢地服務，臉上更是永遠掛著親切的微笑，以求讓顧客體驗到一種在朋友家作客的輕鬆感受。

一日，筆者因為工作地有些晚了，手上拿著一疊疊的文件，卻始終找不到一家店能夠提供一份熱呼呼的晚餐，這時候星巴克就在眼前出現了。

一進到裡面，溫暖的木質色調以及親切的招呼聲，頓時讓疲憊的心情稍微得到了紓緩，平日看起來有些普通的食物櫃這時候卻成了美食的寶箱。由於時間真的晚了，匆匆選了卷餅就請店員加熱；沒多久，東西好了，當我正打算要拿起卷餅躲到角落去享用一番時，卻因為手上東西太多，「啪！」的一聲，卷餅居然就這麼掉到了地上！

「唉，只能自認倒楣了吧。」一邊這麼想，一邊已經彎下腰打算把這倒楣的卷餅給清走，不料一旁地員工卻立刻趕了過來說：「啊，您別忙，我們收就好了。」心理還正有些安慰，接著又聽他說：「真是對不起，都是我們沒有把東西包好您才會掉了，我們馬上再幫您加熱一份好嗎？請原諒我們的大意。」

聽到這句話，一整天的疲勞登時都消失了！對我來說，這就是一種與星巴克結下的難忘體驗。

星巴克透過欲擒故縱的手段，對員工，釋出的福利深深的凝聚了一股強大的向心力；對顧客，它營造了一種朋友般的氛圍，即便它們的咖啡不一定是最好的、即便它們的價格不一定是最便宜的，但你會跟朋友計較這些嗎？不會，只因為它抓住了你的心。

十七、拿根稻草換房子：拋磚引玉

一首詩的故事

——《傳燈錄》——

唐時有兩位大詩人，常建、以及趙嘏，兩人皆為世人奉為才子。常建是有名的山水田園派詩人，素有隱士之風，謙退孤僻，總是認為自己的詩不如趙嘏。

而趙嘏為詩耽美、饒富趣味，為杜牧所推崇，因喜愛其詩《長安晚秋》：「雲物淒涼拂曙流，漢家宮闕動高秋。殘星幾點雁橫塞，長笛一聲人倚樓。紫艷半開籬菊靜，紅衣落盡渚蓮愁。鱸魚正美不歸去，空戴南冠學楚囚。」，而贈予他「趙倚樓」之別稱。

一日，常建聽說趙嘏要前往蘇州一帶遊歷，便動了要向他請教的念頭。可又聽說趙嘏平日並不特別喜愛賣弄文采，很難請得動他提筆寫詩。經過幾番思量，心中就有了打算。

常建猜想，既然趙嘏來到了蘇州，就必定會前往靈岩寺參訪。於是他趕在趙嘏之前來到了靈岩寺，並在牆上留下了半首詩：「清晨入古寺，初日照高林。曲徑通幽處，禪房花木深。」他心知，以趙嘏的才氣，看到這樣未完成的詩句必定會忍不住動筆將他完成；果然，不日後，趙嘏來到靈岩寺，當他看到牆上的詩句後便提筆寫下了後半段詩：「山光悅鳥性，潭影空人心。萬籟此俱寂，唯聞鐘磬音。」

你覺得，他們倆誰寫的好呢？

其實這都是後人穿鑿附會的故事，常建早了趙嘏約百年的時間，兩人怎麼樣都碰不到一塊兒；而常建的詩文在《全唐詩》中被收錄了五十七首之多，相較於趙嘏的兩首又豈敢說趙嘏優於常建呢。上面那段詩文其實通篇都是常建寫的，自也不會有所謂的優劣之別了。

不過通過這個故事，我們可以了解到「拋磚引玉」的原始含意，那就是先拋出一些自認為不夠好的觀點，引來別人的討論與高見，其實多少帶有一點自謙的意味在。

從共贏中贏得更多

拋磚引玉在商場之中，是一種以利換利的共利行為。「磚」與「玉」兩者性質相近，價值卻迴異；以磚換玉、用小惠換大利，是此計的重點。

拋磚引玉和欲擒故縱在本質上頗為相近，都是藉由施惠於人來換取更大的利益，但如果要作更細部的區別，那就是一者以「縱」一者以「磚」；拋磚引玉更為強調「誘餌」的重要性與實質性，是一種強調以利換利的共贏關係。

對內而言，拋磚引玉可以引申為對內部的投資，例如對員工的訓練、以及新品開發的挹注；對外而言，「磚」就是為誘餌，因此必須要帶有足夠的價值才能引出更大的利潤，同時它的價值又必須是小於「玉」的存在。因此，它除了可以是現實上的利益、有的時候亦可能是不必兌現的承諾，但不論是哪一種，都必須要讓對方能實際地感受到「好處」的存在。

舉例而言，當你聽到「買貴退差價」和「跳樓大拍賣」時，你會選擇哪一個去做消費呢？經過研究顯示，即便跳樓大拍賣裡的東西可能真的比較便宜，但對消費者來說，「跳樓大拍賣」就像掛著「我是劣質品」的招牌一樣，很難吸引到長期駐足的顧客；但是「買貴退差價」的行銷方式，在消費者的認知上，低價的策略不論是為了商業競爭還是回饋顧客，至少不會因為價格過大的落差而影響了產品品質。換句話說，就算你真跳了樓，或許也不會賣得比較好；拋磚引玉如果使用不當，很可能會造成了「肉包子打狗，有去無回」的窘境。

另外，拋磚引玉在使用上，更需要有預判的能力。除了要掌握先機率先拋出「磚」以掌握主導性外，更需要能夠判斷拋出後所造成的漣漪以及所有變因，如此才能確實獲利而不致於坐失良機、白忙一場。例如當企業投入大量的廣告經費，主打買一送一或贈品大方送時，就必須要預先準備好足夠的產品以因應消費者突增的需求。否則當人潮湧來，卻發現產品不足時，這無疑是反替公司打了一場負面的宣傳戰；又或者當企業投入大量研究資本以開發新產品時，就要想到產品大賣時可能造成的盜版風潮並預先想好防禦對策，否則屆時很可能成了為人作嫁，自己卻落了個血本無歸的下場。

總之，「拋磚引玉」就是一種以最小消耗來實現最大利益的方式，「吃虧等於佔便宜」、以投資換取報酬，是實現商人「一本萬利」的最佳良方。

親愛的，我把鈔票變大了

日本第一，世界第三──富士通

1935年成立的「富士通株式會社」以通訊器材起家，發展到如今，富士通是日本第一大、全球第三大的IT生產與服務公司；1999年與西門子合資的「富士通西門子」是目前歐洲最大的資訊科技供應商。

富士通成功的原因，或許可以用日本經營之神松下幸之助所說的話得到應證，他說：「教育訓練費用很貴，但不這樣做將會更貴。」

是的，富士通的成功，其實就在於其扎實的員工教育。

富士通極其注重人才的培育，每年在教育經費上的支出相當於台幣5億元。為了從下到上都擁有完整的員工階層，富士通不挖角、沒有空降，所有的員工都必須從基層做起，按部就班的接受不同階層的教育訓練。其教育訓練與職位有緊密的關連性，想升遷，就一定要經過短期的受訓並在檢驗中合格才能授與相應的職位。

富士通內部更設有相當於學校的正規教育「富士通工專」以及「富士通技能研究所」，不論是高中學歷或是短大畢業，抑或是一般大學畢業的員工，都能透過這種為期一年的全日制研修獲得提昇。

另外，透過內部調查，富士通意識到中階主管是個很容易缺乏的階層漏洞，因此特別重視管理層面的訓練，以一般新進員工來說，如果按部就班的往上升遷，大約到了三十歲左右就會當上了組長，三十二歲左右就必須開始就受管理階層的養成訓練。其內容包括了五天的合宿教育、六個月的函授教育、以及最後五天的實戰教育；而即便通過這些訓練後，仍是要透過函授以及自修不斷的成長，才能保證未來的升遷之路。

另外為了因應未來人口的老化現象，富士通於 1979 年首開先例的創立了「四十五歲研修班」，透過三個月的集訓，來激發潛力、開發適當管理人才、或是重新調配職務，藉此確保他們仍舊能替公司工作、發揮最大效益，直到退休為止。

透過一連串的員工教育訓練，雖然所費不貲，但確實提昇了員工的技術水平與生產效能，除了增進企業的產出利潤外，另一方面，透過不斷的再教育也扎實了員工對企業的向心力；明確的內部升遷管道搭配上日本的「終身雇用制」，完全免除了為他人作嫁的疑慮，讓員工和企業能夠一同成長，使企業獲得永續而長足的發展。

從天空落下滿天星辰——Citizen Watch

星辰錶（Citizen Watch）是日本知名的鐘錶品牌，1924 年日本誕生了第一支懷錶；

1930年「CITIZEN時計株式會社」成立；1952年出現了日本第一支附有月曆的手錶；1959年日本第一支防水手錶上市；1966年，日本第一支電子錶問世；1973年，世界第一支指針式太陽能電子手錶研發成功；1988世界擁有了第一支聲音辨識手錶；1993年世界第一支電波手錶現身；2006年發表世界第一支光動能三問錶……。

星辰錶締造了無數的日本第一與世界第一，玉木宏、梁詠琪、金城武等代言人更為它增添了不少風采。

但星辰錶最為商界人士津津樂道的，卻是1965年進軍澳洲市場時所發生的故事。

當年星辰錶進軍澳洲市場時，為了讓不熟悉日本精工的澳洲人能迅速了解日本鐘錶的好處，它們特地安排下了一個駭人聽聞的計畫。某日，人們發現到報紙頭條居然寫著一個奇怪的報導：日本企業將做出驚人之舉！來自日本的星辰錶，將於X月X日租用直升機，於X廣場上拋送一千隻免費手錶！

人們一看到這個訊息，一時之間多半都還只是抱持著懷疑的態度，畢竟他們可從沒看過日本人奇奇怪怪的宣傳花招。但是人總免不了好奇與貪小便宜的心理，到了當天，X廣場上居然人頭攢動聚集了不少的民眾來到當場圍觀。

時間一到，只聽到「噗噗呼呼」的聲音從天而降，居然真的來了一架直升機！正當人們滿懷興奮之情仰頭觀望時，但見白日星辰，滿天空的閃爍星光就從直升機上灑了下來，一時之間人們像瘋了一樣大肆爭奪這些免費的贈品；而從天而降的星辰錶除了狠狠的摔到了地上外，更被你爭我奪的人群毫不留情地拉扯了一番。但事實證明，星辰錶完好無缺！它居然還是滴答滴答的照著時間正常運轉。

這件事情立刻成了澳洲當地的頭條新聞，搶到錶的、沒搶到錶的，每個人嘴裡講的都是這件事情。星辰錶在澳洲的市場通路立刻被打了開來，瘋狂的搶購已經成為了一股星辰旋風，也就此奠定了星辰錶在澳洲市場的基礎。

星辰錶這招拋磚引玉，雖然拋得是價值不貲的名貴手錶，但就此換來了全洲的瘋狂搶購，可說是「吃虧卻佔了大便宜」啊。

國際金融業之父——邁爾・阿姆謝爾・羅特希爾德

邁爾・阿姆謝爾・羅特希爾德（Mayer Amschel Rothschild, 1744 — 1812）是羅特希爾德家族的創始者、「羅氏五虎」的父親。其家族叱吒整個 19 世紀，透過家族成員分別於法蘭克福、倫敦、巴黎、維也納、那不勒斯等歐洲大城開設銀行，建立起當時最大的金融王國；即便到了現在，黃金市場仍舊受到他們的操控。甚至曾有一種說法指稱，當年的美國南北戰爭以及第二次世界大戰背後的推手，其實就是羅特希爾德家族，是他們為了掌控全世界的銀行而導致了戰爭這樣的惡果；但這樣子的說法其實很大一部分是來自於羅特希爾德家族其猶太人身分所背負的污衊。

1744 年出生於德國法蘭克福的邁爾，其父親是一個從事貨品買賣與貨幣兌換的猶太商人。原本父母希望他成為一個拉比，所以從小就把他送往宗教學校讀書；但 1755 年其父母相繼過世後，他棄學從商，繼承了父親商人的意志，做起古董、徽章、古幣、稀有硬幣的買賣。同時由於父親曾為當地黑森—卡塞爾領地的領主威廉造幣，因此憑此機緣認識了威廉伯爵。

他與伯爵的初次見面，恰逢伯爵贏得了一場棋賽，心情大好。於是他趁機向伯爵推薦了自己手邊稀奇珍貴的古幣以及徽章，並假借為了恭賀伯爵勝出願意半買半送的低價賣給伯爵；不過伯爵當時並不好此道，因此並沒有接受他的「好意」。

不過邁爾的目標其實並不是這次的買賣，而是希望與伯爵搭上關係。於是每當有機會，他就趁機教導伯爵關於古董以及古幣交易這方面的知識、收集的興味、以及背後蘊藏的商機，並透過低價賣給伯爵讓他從中確實得到不少利益，因而逐漸愛上了這樣的嗜好。於是他和伯爵建立起了穩固而友好的關係，代替伯爵處理相關的金融事務。

法國大革命爆發後，他先前的投資逐漸顯示出了效果，由於和伯爵良好的關係使他得以擔任黑森地區以及英國之間的中介商，透過金融貿易以及軍火交易著實大賺了一筆，而他也趁著這段時間大舉借貸給戰亂中的各國，由此建立起龐大的國際金融脈絡。1806 年拿破崙侵入黑森地區，威廉伯爵流亡他鄉，伯爵大部分的資產就被邁爾所接收，奠定了往後龐大家族事業的基礎。

邁爾的成功，其實就在於「押對了寶」，他早期在伯爵身上的投資帶給了他往後致富的契機；拋磚引玉其實就是這麼個簡單道理——把錢花在刀口上——務求讓投資得到超乎其價值的報酬。

十八、萬箭齊發不如一箭穿心：擒賊擒王

射人先射馬

「挽弓當挽強，用箭當用長；射人先射馬，擒賊先擒王！殺人亦有限，列國自有疆；苟能制侵陵，豈在多殺傷？」

——《前出塞》——

此詩為杜甫所作，其目的是為了諷刺當時的聖上唐玄宗用兵不當，勸戒他對外應節制用兵之意。

玄宗開元十八年（西元730年），西域吐蕃屢敗於唐軍，於是遣使求和，玄宗允之，吐蕃人從邊境撤走，雙方迎來了和平。

七年後，玄宗卻利用這樣的和平，在吐蕃人毫無防備之際派兵入侵吐蕃，深入敵境二千里；玄宗開元二十七年，與吐番和親的金城公主去世，吐蕃遣使報喪並藉機要求和談，但玄宗卻一口回絕，因此惹得吐蕃大怒，一年後揮軍打下唐朝邊境的石堡。

八年後，天寶七年，玄宗派遣隴右節度使與大將哥舒翰，統軍三萬三千人與吐蕃軍展開大戰，以數萬人的生命才重新換回了石堡的佔領權。杜甫正是在此時期有感而發寫就了《前出塞》一詩。詩中的前四句主要是在說明作戰應該抓住重點、一擊中的，讓局勢快速受到控制而避免戰爭的擴大；後四句則更明確的說出心中的不滿，認為戰爭是為了保家衛國，不是單純的征伐殺人、擴充疆界，實不應該為此做出無謂的犧牲。

「射人先射馬，擒賊先擒王」這句話就成了後人的警世之語，告訴人們不要徒作無謂的浪費，應明確目標，收其一箭穿心之效。

企業的馬在哪？

「射人先射馬，擒賊先擒王」在商場的引用上，就是提綱挈領，以擊中要點為首要目標。

對外而言，「擒王」只是個最高原則，至於其間的手段可廣泛的運用先前提到的各式計謀以求功成，自不限於固定的方法手腕。而這匹馬、或這個王，其實並不只單純的限縮在「主力對手」的競爭之上，放寬廣點來看，其實它也可以指涉強力的合作夥伴、主體通路、以及最重要的——消費者。

俗話說的好，一個不滿意的顧客能夠嚇跑一百個可能滿意的客人。如果不能好好掌握消費者的口味以及照顧到消費者的感受，那麼企業是不可能會成功的。在推出產品時，必須掌握主力客群的年齡、性別、收入、背景環境、以及社會地位等各種因素來預估消費者的購買心理；在產品推出後，更必須隨時注意消費者的反應以及提供貼心的售後服務，如此才能抓住消費者的善變的心。

而擒賊擒王其實也並不只單純用於對外關係，就如同我們知道必須攻擊對方關鍵環節一樣，為了避免對方的攻擊，我們也更該加強保護自己的企業中樞，以免其成為企業競爭中的致命傷。

在企業眾多的環節中，以其中五項最為重要：其一為商標，商標是商品之眼，代表著企業對外形象的縮影，如果疏於註冊或沒有確立一個具有獨特性的商標，那麼很容易造成仿冒品流竄於市，不僅讓自己的直接利潤受損，同時更可能因為仿冒品的低劣而損及了公司的名譽；其二為品質，如果說商標是眼睛，那麼品質就是產品的靈魂了，企業經營手法雖然千奇百怪各有其理，但如果缺乏品質作為基底，那麼一切都將如曇花一現無法久持。產品想要有品質，就必須全面而周詳的妥善內部的工作，諸如人事管理、財務狀況、技術更新、以及暢通銷售管道等，如此才能確保品質的維持。

其三是人才，如同日本經營之神松下幸之助所深信的：「欲造一流的產品，先有一流的人才」一樣，人才是企業的血脈，沒有好的人才，企業就無法獲得養份，那麼遲早就必須面臨死亡的命運；其四則是產品的專一性與獨特性，與其漫天散花、見異思遷，不如專攻一點以求他人之所無，如果能夠做到市場唯一，那無異於是佔領了市場的制高點，可以以憑先佔優勢輕鬆地面對那些後來的挑戰者；最後一點則是管理階層的「攬大權、釋小權」，擒賊擒王也可視為經營者的授權管理之道，透過適當的分權，一者可以減少管理者時間的浪費、二來可以透過專業人士作出更正確的決定。

以上五點，不僅僅是企業自保之道，同時也可視為攻擊之要點。面對他人攻勢此五點不可不防、面對競爭對手此五點則不可不破。

打蛇打七吋，一擊讓你死

招牌老是被搶的老字號——同仁堂

北京同仁堂是中藥行業著名的老字號，創建於清康熙八年（西元 1669 年），由於其歷代恪守「炮製雖繁必不敢省人工，品味雖貴必不敢減物力」的傳統古訓，樹立了良好的品牌形象，也確保了同仁堂金字招牌的長盛不衰。

雍正元年（西元 1721 年）起，同仁堂正式成為清廷御藥房用藥長達一百八十八年，其口碑形象就此奠定，名聲享譽海內外。

不過由於字號老，想要藉機從中揩油的商人自也不會少去。1983 年時，由於當時中國大陸對於「商標」註冊的概念還不清楚，因此「同仁堂」此一商標居然搶先被日本的商人註冊！於是爾後當正牌的同仁堂想要進駐日本時，卻居然還要先付一筆商標使用金成為了國際上的大笑話，而即便咬牙切齒，同仁堂也只能尋求法律途徑解決。1989 年中國國家商標局依據《保護工業產權巴黎公約》向日本國家商標局提出申訴，歷經五年的時間才讓商標失而復得，但期間已經讓日本的奸商賺了個滿懷。

而這商標侵權的事情卻還沒完呢。

原來在中國，其實本就有南北兩個同仁堂，一個是北京同仁堂，另一個則是溫州的葉同仁堂。葉同仁堂其實是 1670 年時頂替了該處原本的王同仁堂而創建，說起來也是一個老字號。2002 年葉同仁堂向國家商標局申請註冊通過，老店重張，當時北京同仁堂還特意在葉同仁堂裡頭設了專櫃共襄盛舉。想不到到了 2004 年，同仁堂卻上法院告了葉同仁堂一狀，索賠 5000 萬元。

雖然這件事在當時震驚四座，不過到了 2005 年兩方居然很快的和解了，最後溫州「葉同仁堂」以改名「葉同仁」作收。

細究其中原因，葉同仁當然仍是希望維持原本的老字號，要他賠錢並重新命名根本就不可能為其所接受；而北京同仁堂則是意圖打進溫州的市場，必須要透過葉同仁在當地的勢力才能輕鬆進入。兩方如果真的爭執起來，很可能會落得一個兩敗俱傷的下場，因此雙方最後各退一步，以合作代替競爭，也算是個完美結局。

從同仁堂的例子我們就可以看到商標對一個企業的重要性。北京同仁堂鬧出這麼多風風雨雨，或許就在於在最初沒有意識到商標的重要。不過在與葉同仁的商標戰爭中，它們或許正是反過來利用了「商標」，以商標作為要脅，迫使葉同仁不得不與他攜手合作，藉此進入了溫州的市場。「射人先射馬，擒賊先擒王」或許正是前車之鑑讓北京同仁堂學了個乖吧！

來自法國的迷人香味——嬌蘭

嬌蘭（Guerlain）於1994年併入路易．威登集團之前，是一個行之百年的家族企業，法國出身、香水起家的嬌蘭一直是業界的指標性企業，在成為路易．威登旗下一員後應將更加完美的追求其對品質的堅持。

1828年由Pierre Francois Pascal Guerlain於巴黎設立的法國嬌蘭成為了傳奇的開始，1853年拿破崙三世的皇后用過其新推出的「帝王香水」後一用上癮，從此享有了御用香氛之名。

到了二世的Aime Guerlain則創造出「掌上明珠」，這是世界上第一瓶利用人工合成法製成的香水，從此奠定了現代香水「前、中、後」三種味道的基本模式。

而三世的Jacpues Guerlain除了創造出蝴蝶夫人、一千零一夜等名香外，更專注於保養與彩妝品的研製，為法國嬌蘭展開了全新的一頁。

嬌蘭的品牌實驗室名列世界品牌五百強之中，歷久不衰的原因可以略分成兩點：

一者是對消費者的用心。嬌蘭於1940年首創在產品標示上加註「期限封條」的作法，除了標示使用期限外，更標示了產品販賣期限，以保證使用者能夠在產品效力最佳之時得到最好的使用效果；另一方面，嬌蘭融合了其化妝品項的知識，表彰其香水能滲透皮膚、活化細胞，讓消費者趨之若鶩。

其二則是對內嚴格的控管。透過控管，除了能維持產品的高品質外，更重要的是要保障其配方絕不外洩。每一種香水基本上都以微妙的比例混合了三百多種成分在內，「配方」就等於是嬌蘭公司金庫的鑰匙，透過絕對的保密保障了公司穩健的發展；另外，人才的挖掘與維繫更是它們努力不懈的方向，由於香水產業高度依賴「嗅覺」，不論是分辨、還是更高一層的調配，一個能夠嗅出四、五百種味道的神奇鼻子對香水公司來說無異於是至寶；這些聞香師在嬌蘭都能獲得很好的待遇，是嬌蘭保障其香水的研發能夠歷久不衰的秘方。

擒賊擒王，嬌蘭對外以設身處地的想法，緊緊抓住了顧客的心；對內，則一邊保障了自己的「王」將不被所奪，另一方面更栽培重要的聞香人才，這些都是其企業能夠成為世界口碑的王牌秘方，欲成就企業之道者不可不學。

滴滴香濃——麥斯威爾咖啡

麥斯威爾咖啡是美國卡夫食品旗下最大的咖啡品牌，雖然其品牌成立於 1892 年，但麥斯威爾咖啡的來歷卻是來得更早。

南北戰爭前，美國人喝咖啡的習慣是自己買生豆回家烘，但隨著戰後經濟結構的改變，逐漸出現了熟豆買賣以及在外喝咖啡的習慣。1870年一位肯塔基州的銷售員喬（Joe Cheek）看到了這樣的商機，於是開始研發了混合咖啡豆的調配，最後把這個配方賣給了田納西州的麥斯威爾酒店。據說當時造訪該處的美國總統的西奧多．羅斯福，在喝了那些咖啡後讚道：「Good to the last drop！」（滴滴香濃，意猶未盡）

於後這個咖啡配方輾轉流落到了卡夫食品的手上，因此於1892年以麥斯威爾酒店為名把此咖啡命名為「麥斯威爾」。

當年麥斯威爾在要把即溶咖啡投入市場時，其實一度遇到很大的阻力，雖然在廣告以及宣傳上投注了大量的金錢，希望能夠因為其「方便性」而吸引到廣大的消費群眾。但實際的銷售數字卻一直低迷不振，於是當它們重新評估時才發現自己居然犯下了一個嚴重的錯誤——它們錯誤評估了消費主體的心理！

原來，當時的美國還是相當保守，泡咖啡這種活兒一般來說是由家庭婦女所擔任，但這些主力客群卻抱有一種對家務的強烈「責任心」，她們認為擔當家務是一種女人的天職，如果想要貪方便而逃避這種責任，幾乎可以說是罪大惡極的行為！

換句話說，一直強力主打「方便」的即溶咖啡，對於這些消費主力來說根本是罪惡的象徵，銷路當然是不可能有所進展了。於是這次麥斯威爾改變了行銷策略，拿出了老羅斯福所說的「Good to the last drop！」主打其香濃美味、芬芳醇厚，果然這樣的方法奏效了，對於品質的強調以及老羅斯福總統的掛牌保證，讓麥斯威爾就此成為了美國的代表性咖啡品牌之一。

1982年麥斯威爾來到台灣，當時市場幾乎可以說是雀巢咖啡的天下，而很明顯的，在美國使用過的手法在台灣必定起不了什麼作用，畢竟台灣人對這位老羅斯福總統可沒有什麼鮮明的印象。

為了有效搶到市場，麥斯威爾審慎評估了台灣主力消費族群，意識到台灣的咖啡客群大多都是追求現代感的年輕人以及工作繁忙的上班族；於是它們推出了一系列的廣告主打「好東西要與好朋友分享」的概念，其中「總是留一杯咖啡的時間，給朋友……時間你定，咖啡我準備」更是敲中了忙碌上班族的心房。一時間麥斯威爾咖啡在台灣造成了熱賣，短短的時間內就追上了雀巢的腳步，在台灣成功的搶下了15%的市佔率，可以說是一竿命中，有效掌握快、狠、準三昧。

BOSS的微笑（上冊）

縱橫商場不能說的秘密

作者　孫大為
發行人　林敬彬
主編　楊安瑜
編輯　陳亮均
內頁編排　碼非創意企業有限公司
封面設計　碼非創意企業有限公司

出版　大都會文化事業有限公司　行政院新聞局北市業字第89號
發行　大都會文化事業有限公司
地址　11051台北市信義區基隆路一段432號4樓之9
讀者服務專線　（02）27235216
讀者服務傳真　（02）27235220
電子郵件信箱　metro@ms21.hinet.net
網址　www.metrobook.com.tw

郵政劃撥　14050529 大都會文化事業有限公司
出版日期　2012年5月初版一刷
定價　250元
ISBN　978-986-6152-38-2
書號　Success052

First published in Taiwan in 2012 by
Metropolitan Culture Enterprise Co., Ltd.
4F-9, Double Hero Bldg., 432, Keelung Rd., Sec. 1,
Taipei 11051, Taiwan
Tel:+886-2-2723-5216　Fax:+886-2-2723-5220
Web-site:www.metrobook.com.tw
E-mail:metro@ms21.hinet.net

大都會文化 METROPOLITAN CULTURE

國家圖書館出版品預行編目(CIP)資料

BOSS的微笑：縱橫商場不能說的秘密 上冊／孫大為著．
-- 初版．-- 臺北市：大都會文化出版・發行，2012.05
272面；21x14.8公分 –(Success052)
ISBN 978-986-6152-38-2（上冊；平裝）

1. 企業管理 2. 謀略
494　　101004675

Boss的微笑 上冊

縱橫商場不能說的秘密

北區郵政管理局
登記證北台字第9125號
免貼郵票

大都會文化事業有限公司
讀者服務部　收

11051台北市基隆路一段432號4樓之9

寄回這張服務卡〔免貼郵票〕
您可以：
◎不定期收到最新出版訊息
◎參加各項回饋優惠活動

大都會文化　讀者服務卡

書名：BOSS 的微笑（上）縱橫商場不能說的秘密

謝謝您選擇了這本書！期待您的支持與建議，讓我們能有更多聯繫與互動的機會。

A. 您在何時購得本書：______年______月______日

B. 您在何處購得本書：____________書店，位於____________（市、縣）

C. 您從哪裡得知本書的消息：

1. □書店　2. □報章雜誌　3. □電台活動　4. □網路資訊
5. □書籤宣傳品等　6. □親友介紹　7. □書評　8. □其他

D. 您購買本書的動機：（可複選）

1. □對主題或內容感興趣　2. □工作需要　3. □生活需要
4. □自我進修　5. □內容為流行熱門話題　6. □其他

E. 您最喜歡本書的：（可複選）

1. □內容題材　2. □字體大小　3. □翻譯文筆　4. □封面　5. □編排方式　6. □其他

F. 您認為本書的封面：1. □非常出色　2. □普通　3. □毫不起眼　4. □其他

G. 您認為本書的編排：1. □非常出色　2. □普通　3. □毫不起眼　4. □其他

H. 您通常以哪些方式購書：（可複選）

1. □逛書店　2. □書展　3. □劃撥郵購　4. □團體訂購　5. □網路購書　6. □其他

I. 您希望我們出版哪類書籍：（可複選）

1. □旅遊　2. □流行文化　3. □生活休閒　4. □美容保養　5. □散文小品
6. □科學新知　7. □藝術音樂　8. □致富理財　9. □工商企管　10. □科幻推理
11. □史地類　12. □勵志傳記　13. □電影小說　14. □語言學習（_____語）
15. □幽默諧趣　16. □其他

J. 您對本書（系）的建議：

____

K. 您對本出版社的建議：

____

讀者小檔案

姓名：______________　性別：□男　□女　生日：____年____月____日

年齡：□ 20 歲以下 □ 21 ～ 30 歲 □ 31 ～ 40 歲 □ 41 ～ 50 歲 □ 51 歲以上

職業：1. □學生 2. □軍公教 3. □大眾傳播 4. □服務業 5. □金融業 6. □製造業
7. □資訊業 8. □自由業 9. □家管 10. □退休 11. □其他

學歷：□國小或以下 □國中 □高中／高職 □大學／大專 □研究所以上

通訊地址：____

電話：（H）______________（O）______________　傳真：______________

行動電話：______________　E-Mail：______________________

◎謝謝您購買本書，也歡迎您加入我們的會員，請上大都會文化網站 www.metrobook.com.tw 登錄您的資料。您將不定期收到最新圖書優惠資訊和電子報。